U0045027

鈔 能力 II

運用自媒體創業・世界就是你的舞臺

Chris Chen　陳家鋒　著

—— #1 亞馬遜暢銷作者 ——

Chris Chen 陳家鋒

Chris的童年是在臺灣度過，父親在他10歲的時候把他送回新加坡繼續接受教育，也在當時發現自己對於舞蹈的熱忱，成為他的第一份事業，並被任命為世界舞蹈聯盟（新加坡）的教育和推广部門的負責人。

然而，現實給了他沉重的打擊。因為職業需求，導致他的膝蓋長久以來承受了過量的壓力，從而影響了舞蹈事業，收入驟減80％。由於對家庭經濟的巨大影響，Chris不得不想辦法賺取額外的收入，並嘗試幾種副業，如直銷、代購、電子商務等等，但這些副業並沒有給他帶來多大的成效，直到在偶然間發現社交媒體提供的巨大潛力。

2017年，Chris開始在自己的YouTube頻道上發表內容，並在一年內堅持每週發佈3個視頻。因為視頻內容與觀眾產生共鳴，為他們帶來巨大的價值，視頻接二連三地被臺灣和馬來西亞多家中文主流媒體採用、報導和轉發，如《東森新聞》《即新聞》《臺灣達人秀》《媽報Mami News》《星洲日報》等等。

2018年初，Chris的YouTube頻道經營得有聲有色，並打鐵趁熱推出自我設計的網路課程───「超越AI」。該課程旨在向年輕人、家長和教育工作者傳授有價值的見解，指導他們如何更好地準備自己和/或教育年輕一代，以避免因為全球大規模採用人工智能，嚴重影響他們的人生與事業。該課程推出後的3個月，產生了100,000美金的收入。

隨後，Chris被大量的內容創作者、網紅和企業家關注，跟他學習創業方式。他不斷參加許多國際活動，分享創業經驗，並在一次新加坡舉辦的會員專屬活動中結識了擁有「亞洲巴菲特」美譽的Sean。

作者簡介

兩人開始討論合作的可能性，並與其他創始成員一起，在2019年成立了The Next Level。The Next Level的使命是培養和訓練人們精通創業和領導力，讓他們的人生獲得前所未有的改變，無論其背景如何。基於這個使命，Chris創立了NEXUS ，這個平臺讓任何人都能與世界級的培訓師和演講者連結，創造更多機會與志同道合的專家合作，過上非凡生活。

　　作爲利用社交媒體建立個人品牌的權威性倡導者，Chris成立了一個技術團隊，開發技術，讓內容創作者、創業家和意見領袖通過自動化來急速放大他們的網路存在感，AMPLIFY 因此誕生。

　　在2019年，Chris決定將多年累積的自媒體行銷和創業實戰經驗，寫成一系列書籍作品，讓普羅大眾都能以低門檻的管道，獲取最先進的知識和方法。他的第一本書《鈔能力 I ——將熱愛轉變成百萬美金收入，挖掘你深藏不露的金礦》，在三天之內被一掃而空，晉身成為亞馬遜暢銷作者。

　　迄今，除了《亞洲新聞頻道》，MoneyFM89.3、FutureCIO、Business in Asia、 Ticker News、 MarketWatch、 CNBC、Digital Journal等媒體上的定期報道，Chris 榮獲了「新加坡青年企業家2021」獎，並帶領The Next Level在《創業世界盃2021》中脫穎而出，成爲世界28強創業公司，並在2022年創辦了《創作者元宇宙學院》，為所有的創業家和創作者整合未來趨勢，將未來的發展掌握在自己手中。Chris更受邀被記載於第二部《新加坡成功人士大全》當中。

　　Chris的人生追求，是創作一個像《最終幻想》那樣，極受歡迎的熱門遊戲。

到底從什麼時候開始, 我們都失去了震撼人心的志向?

前陣子, 我和幾個朋友聚在一起聊天, 聊著聊著, 就聊到了志向這個話題。

「Chris, 你覺得志向對你來說是什麼?」

面對這個問題, 我停頓了大概5秒, 但是腦子裡面閃過的, 是我幾十年的人生旅程。

我跟很多人一樣, 小時候也充滿著希望, 總是想著長大之後, 要成為一個什麼了不起的人物。NBA選手、科學家、藝術家、編劇、演講師……

直到踏進社會, 所有的夢想和志向, 突然之間被所有的現實條件掩蓋。不是沒錢、沒資源, 要不然就是沒人脈、沒機會。

我還記得，在20多歲的時候，我跟我的朋友說了我的志向，他卻回我：「別傻了，你現在這樣能夠做什麼？」

我想，無論是誰、無論志向有多大，面對這樣難以突破的環境和本身條件，都會選擇放棄吧？

我當時也是這麼想，直到有一天，有個聲音在我耳邊跟我說「你不捨棄一些東西，怎麼擁有更好的事物？」

是啊！不就是因為我放不下我現在有的，所以我才沒有多餘的空間去爭取我想要的嗎？

所以，接下來我做出了一連串瘋狂的決定：

我放棄了原本穩定的工作，選擇去創業；

我放棄了我用了13年所學到的技能和知識，從零開始去學習；

一直到現在，我在商業界有點成績，也開始教別人如何開始創業。這些想法都在5秒之間，瞬間閃過之後，我回答我的朋友：

「對我來說，志向就是一個比我自己更遠大的東西，很多時候，這意味著我們必須要捨棄一些原本就有的愛好和習慣。」

而這也是我每天，從我的學生身上看到的。他們不辭勞苦，只為了成功；他們捨棄舊思維，從全新的角度思考事情；他們不斷地測試和學習，儘管有些人已經50歲，甚至70歲。

我真的很為他們感到由衷的驕傲。

對我來說，一直能夠支持我堅持下去的理由，不只是因為可以賺錢，給我所珍惜的人更好的生活。

也是因為我能夠隔空，對一個完全不認識的陌生人，為他的人生做出一點貢獻。

　　2020年3月，也是新冠病毒爆發的那段時期，我收到了一位大約18歲的女孩寫給我的電郵。

Chris，您好~~我其實是搜尋我想死的關鍵字之後，看到您的影片的，我覺得您影片裡說的真的很好。

我現在在班上，就是這樣的情況，我覺得我真的快窒息了，我想請幾天假　，媽媽不準，他總是不願意好好理解我，總是強硬的態度　認為學生就該怎樣，他也覺得這樣的局面也是我自己造成的，他每一句話，愈聽會愈懷疑自己，對自己沒自信，不知道從哪一刻起，我沒有自己的想法，我好多事情都要看別人的意見，不敢自己決定……

班上同學的事情我自己知道我有需要修正的地方，但是……現在我對班上情況也沒法再做任何改善……現在只有一個同學會跟我說話，其他人都討厭我，不願意靠近我……

我的唯一一位同學他要指考，會請假在家，當他請假我就生不如死，在學校就像監獄一樣，好痛苦哦……

我跟媽媽提我不想去　他請假，我也不想去了，他就再一次的像我上面所說的　。抨擊我，真的好像離開這世界哦……

可是又會想到我以後想上的建築系，當時面試的老師那麼喜歡我，那麼多人喜歡我，我又不想這樣子一走了之……這樣以後他們就見不到我，只知道我自殺死了……

我現在真的很徬徨，好無力，我只想離開那環境，離開學校，我也不會這樣子了……我好想跟我唯一的朋友請一樣的假就好……好累好累，雖然我有大學了……可是現在還有97天要在高中過……我覺得我快窒息了……真的……

謝謝你看完這麼多。。真的很謝謝你，在影片下面說了可以寫信給您，讓我可以跟您分享。然後也許這些文字你會看的一頭霧水……抱歉……

XX你好，我是Chris。

我以前也跟你一樣，沒辦法融入環境，
自己知道自己某些行為，或許造成別人的困擾，
但是也不知道如何去處理才好。

媽媽不能理解我，總是覺得我很叛逆，
我的朋友也很少，
直到現在，我想，
或許沒有一個人真正的了解我。

但是後來我發現，這一切都是有原因的。

小時候跟別人相處不融洽，
讓我能夠洞察到，我跟別人的想法不同，
也讓我現在能夠很輕而易舉地，
了解別人在想什麼。

這讓我在創業的路上順遂很多，
也讓我的事業在這3年之內突飛猛進，
成為了國際講師，教導別人如何創業，
即使我並沒有大學文憑。

小時候跟父母親常有摩擦，
讓我現在能夠用他們來當作我人生教材，
我告訴自己，所有他們對我做過、說過什麼，
只要是我不喜歡的，我絕對不做。
但這不代表我討厭他們，而是因為我想要成為一個更好的人。

也因為這樣，讓我以前還在當國中老師的時候，
可以非常容易的跟我的學生溝通，
直到他們畢業之後，還是可以像朋友一樣聯絡。

XX，我想跟你說，
所有過去的悲傷與痛苦，
都會變成未來你抓住幸福的能力。

因為你的環境會變，
所有的環境變化，都是你重新來過的一次機會。

因為你遇到的人會不一樣，
所有遇到的新朋友，都有可能是以後幫助你，
躍升到下一個階段的好人脈。

你還年輕，你有的是大把的時間，
不要讓這短短的3個月，
讓你放棄了接下來60年所有的亮麗。
希望我花時間回覆這封信，
可以鼓勵你繼續加油。

期待以後看到你，無論是在建築這個行業，
或是你以後想要轉換跑道，
你都能夠為這個世界，
增添其他人都給不了的價值。

祝順心
Chris

哈囉 Chris, 我是XX~

看完您的話我覺得好感動ヽ(*´∇`*)ノ
謝謝您!

謝謝Chris的鼓勵~~

「你都能夠為這個世界,
增添其他人都給不了的價值」

這句話, 在還沒遇到一堆「鳥事」前的我,
一直都是保持這樣的想法,
謝謝你, 提醒了我,
我會繼續履行這句話的,
縱使現在的困境, 但是忍一下下就過了,
以後班上同學也不會再見面了!

我相信我在新的環境一定可以比垷在好,
一些毛病, 我也決定要改改,
我不會再讓自己下錯棋子。

我很期待我和大學的朋友們,
能像現在的我在美術老師那邊認識的朋友,
還有高一的朋友一樣,
大家相處在一起單純又開心。
在追求夢想的同時,
有一群不離不棄的朋友們,
一起互相照顧,
這是我期盼已久的日子。

以及,
剛剛我含著淚打完傳給您的信之後,

就跟我媽媽溝通，
也拿著你的影片給我媽媽看，
媽媽竟然願意軟下來好好聽我說的了!

媽媽也同意我請週一和五，
讓我在家裡專心看建築相關的書，
讓生活過的更有意義。
我會好好加油的!
謝謝Chris
很開心跟你的這段緣分，
希望未來有機會，
我也能像你一樣，
這樣幫助一些正處在迷茫的朋友們，
這個朋友可能素昧平生，互不相識。

XXX敬上

P. S.
我剛剛忘記跟你說我是誰了，
還有排版真的有點醜，
抱歉抱歉。

然後Chris的信我會好好收著，
時不時就看一下提醒自己的，
謝謝你!

現在有點晚傳email給您，
但是，現在的心情，
此時此刻最有感哪!
打擾您了，謝謝您!

她在網上搜尋「我想死」之後，找到了我的關於自殺思維的影片。她看到我留下的一則訊息，我說如果有人需要找人傾訴，歡迎大家聯絡我。

於是她寫了一封電郵給我，告訴我她的媽媽都不肯聆聽，在學校和同學的關係不好，等等的問題。

我讀了她的電郵之後，給了她很誠懇的回覆，她現在對未來開始充滿了希望！

她也告訴我，看了我的回覆她很感動，之後也把我的影片給她媽媽看，媽媽也因此放下了身段。

網路是不是很奇妙呢？

我在2018年所做的影片，一直到現在還在改變別人的人生。

我也從改變別人的人生當中，改變了我的人生。

我覺得，有很多人都想要變富有、變得有影響力、變得受人關注。

但是很少人願意為自己的目標和夢想去做應該做的事情：以幫助別人為目的。

所以，你是否也想要為自己的未來，爭取一些什麼呢？

今天開始一起和我，充分利用我們手上有的資源和工具，找回你震撼人心的志向吧！

感謝詞

致我最深愛的女孩 J

我和出版社特別要求了這個位置，
因為這個位置，我想要留給最特別的妳。

我想要謝謝妳的細心，
謝謝妳的耐心，
謝謝妳的用心，
謝謝妳的苦心。

謝謝妳的無微不至，
謝謝妳的不辭勞苦，
謝謝妳願意在我身旁，
以實際行動，支持著我的夢想。

我還記得，那年我們第一次去旅行，
每天早上出門前，和晚上回到住宿的地方，
當我還在計畫行程，或者在忙工作的時候，
妳一定都會準備一些水果，或是熱的飲料給我。

後來我洗手的時候才發現，水是那麼的冰冷刺骨，
即使如此，妳還是堅持每天都幫我洗水果。

我真的很感謝妳，因為我覺得，
這就是我心中，幸福的樣子。

同時，我也很心疼，
因為那雙手，我想要好好的保護它。

我以前的人生，都在為自己的夢想努力，
從今往後，我會為妳的夢想而奮鬥，
因為實現妳的夢想，是我現在最優先的目標之一。

這一小段話，除了想要寫給妳看，向妳吐露我的心聲，
我也想要寫給所有擁有這本書的人看。

因為我要永遠記得，妳對我的好，
就算我得了失憶症，還有千千萬萬個讀者，會幫妳提醒我。

我要讓他們都知道，妳在我心中無以倫比的好，
以及我對你白紙黑字的承諾。

同時我也想讓他們在我們身上，
看到屬於他們的，無限可能性。

畢竟，我也只是一個普通人，
如果他們覺得我現在很幸福、很有能力，
那麼假以時日，他們也一樣做得到。

因為每個人，一定都有屬於自己的鈔能力，
包括妳也是。

妳的鈔能力，就是我！

期待未來帶著妳，一起周遊列國、吃喝玩樂買東西，
體驗人生美好的同時，為這個世界創造更多價值。

並且為妳最愛的蝠鱝和鯨鯊，做一些事情。

永遠愛妳的家鋒

15

第一章

成為鑽石的前提：
你必須要有鑽石思維

現在的我，是個資訊企業家兼創業導師。回想起四年前，我是一名國中老師，由於父親被裁員的緣故，家中經濟一度面臨危機，而我在最拮据的時候，銀行戶口只剩130新幣。

回顧過去，我仍覺得不可思議。從普通的國中老師，到成為資訊企業家兼創業導師，我身上有些東西依然如故，有些東西則有了很大的改變。不變的是我的工作性質，我依然在用我的專業知識去引導他人，點撥他人；而發生變化的，是從外表上摸不著、看不到，卻又足以建構一個人的氣場和人生的東西——思維。

到底是什麼樣的思維，能讓我的人生起了翻天覆地的變化？

那是「鑽石思維 」。

🔍 何謂「鑽石思維」？

先讓我來說個故事吧。

Freddy是一名裝修師傅。他對裝修行業很有熱忱，從門把的種類、瓷磚的尺寸、壁櫃的木料，到各類室內設計風格的利與弊，他都能給出專業的意見，客戶們也對他的服務相當滿意。然而，這一切並沒有讓Freddy走上財務自由的道路。他經常得東奔西走，親自和客戶接洽，埋首在五金和木料之間。「手停，口就停！不辛苦，哪來的世間財呢？」——這就是Freddy的口頭禪。

有一次，Freddy連續趕工，幾天下來都沒好好休息。他實在太累了，一個不留神，「軋！」當他回過神來，才發現電鋸差點兒就壓過左手！

只差幾公分，Freddy就會永遠失去他的食指和中指。

那次事件之後，Freddy想要有所改變。他想以更安全、更舒服的方式來賺錢。他參與了我的課程，我告訴他從經營社交媒體開始，可以拍片子、寫文章，讓大家看到他的價值。

打鐵要趁熱，Freddy回去馬上就拍了好幾個視頻，介紹馬桶的種類、地板水平線怎麼畫、水電配置該怎麼規劃等等，內容十分豐富紮實。Freddy告訴我，他社交媒體目前的粉絲人數為94，一星期裡大約增加了10人。

「一星期增加10人？」我聽完Freddy的話，歪著頭思考了一下，然後點開了其中一條視頻來看。

「不行，Freddy。」我說，「從你的視頻裡，人們看到的是一名裝修師傅。你的價值不僅止於這些！」

「Chris，我本來就是一名裝修師傅啊，不是嗎？」

「裝修普通民宅的是裝修師傅，裝修濱海灣金沙酒店的，就不只是裝修師傅了。你懂我的意思嗎？」

我讓Freddy給我看看他過往接過的案子。一看之下，不得了了！原來Freddy有很多來自上層階級社會的客戶，他們住的都是

私人住宅。在新加坡，私人住宅可是以百萬新幣起跳的，而這些私人住宅經過裝修後，產業的價值肯定會漲百分之十或以上。

「Freddy，你看到了嗎？這就是隱藏在你身上的價值，只是過去的你看不到啊！」我笑著拍拍Freddy的肩膀。

於是，Freddy把自己定位成「房地產升值專家」，馬上就吸引了不少流量，轉載和分享的數量也節節上升。當時的他還不知道，他的世界已經開始起了變化。一個星期後，我接到Freddy的電話。他在那一端興奮地說著：「Chris，我目前的粉絲人數是1,400！」他的聲音聽起來有點不可置信，「這星期裡，我的粉絲人數從100增加到了1,400！」

Freddy自從收穫大批粉絲後，不得不拒絕幾個高達六位數美金的項目。原因無他，除了時間安排不了，也因為他所賺的，遠遠高出六位數美金。

這個故事，告訴我們一個再也簡單不過的道理：你能成為怎樣的人，關鍵在於你所處的環境，以及你給自己的定位。如果你把自己定位成小販中心的海南雞飯，你的價值就是區區的3元，你能做的就是填飽民眾的肚子。如果你把自己打造成米其林必比登推介的海南雞飯，你就是國粹美食，能登上國際舞台，還能把生意擴展到世界各地，把南洋美食發揚光大！石頭來到古董行就會身價百倍，千里馬要是遇上伯樂就能馳騁沙場。只要我們身處正確的環境和位置，就能發揮所長，開啟另一番新天地。

每一個人身上都有獨特的價值。如果你堅信自己是一顆鑽石，請一定要把自己放在正確的環境和位置，才能完美襯托出你不凡的身價———這就是「鑽石思維」。

如果當年的我缺少了鑽石思維，也許今天的我依然只是一位普通的國中老師。在某個意義上來說，「鑽石思維」的確成就了今天的我。

🔍 為什麼要經營社交媒體?

Laura是一個20來歲的年輕人。她有點小聰明，活力四射，但往往耐心不足。看網飛的美劇，她經常跳著集數地看。發給朋友的簡訊在一分鐘之內沒得到回復，她就會氣得把這名朋友歸類在「已讀不回慣犯」的黑名單裡。買珍珠奶茶時遇上了長長的隊伍，她就無法自若，嘖的一聲表示自己有多不想花時間在排隊上。

有一次，我請Laura到一家咖啡廳喝下午茶。她點的蛋糕遲了五分鐘上桌，她的臉上立刻露出不悅的神色。接著，她掏出手機為蛋糕拍照，上下左右地調整著角度，一會兒從正上方往下拍攝，一會兒忙著移開桌上的雜物，一會兒把鏡頭湊近拍蛋糕上的草莓，一會兒請我為她和蛋糕一起拍照……我好不容易才拍出她滿意的照片。

「嘿，我發現你只對『拍照』這件事有耐心。」我說。

「照片是我要發到Instagram上的，必須要拍得漂亮啊！」Laura忙著為照片添加濾鏡，漫不經心地回答我。

「Instagram的照片有這麼重要？」

「當然重要了！」Laura像是聽到什麼笑話一樣，馬上抬起頭來說：「Instagram就是我的名片耶！」

現今的世界，社交媒體已儼然是每個人在網絡上的身份證。

在還沒真正認識一個人之前，我們都會自然而然地去瀏覽他的社交媒體，看看他發的帖文和照片，以建構我們對這個人的第一個印象。換句話說，你的社交媒體賬號代表了你。

隨著社交媒體的崛起，如今人們在求職上也越來越依靠社交媒體。比起求職網站，各大企業和公司越來越傾向於透過社交媒體徵才；公司的管理階層在招聘前，會通過社交媒體來篩選求職者；有些公司甚至還設有一個專門研究求職者社交媒體的HR部門。種種現象都說明了，社交媒體再也不是長輩口中「玩玩」的東西，它是一個向世界展露你自己的管道：

社交媒體是你的頭、你的臉。
社交媒體是你的思想、你的品味。
社交媒體是你的生活寫照、你的人生縮影。
社交媒體遠比你想像的來得重要！

價值 X 觸及 = 財富方程式

社交媒體不僅是一種銜接個人和世界的管道,更是讓人們展現個體價值的平台。除了一般的禁止暴力、色情、敏感內容等的條規,社交媒體幾乎沒有門檻和框架,任你自由發揮,無論是針對品牌、產品或是個人,都是極為合適的舞台。如果你已經找到自己的核心價值,接下來想要逐漸推廣,社交媒體就是一個最佳的起步站。

我們經常說「時間就是金錢」。在創業的道路上,「時間」無疑是一項很重要的成本。在一段時間裡,你能接觸越多的人,成功達成交易的機率就越高,同時收益率也越大。因此,「一對多」的媒介如電視、廣播、報紙、書籍、公告牌等總是獲得人們的青睞——這些媒介的成本是一次性的,但在傳播的觸及層面上卻是廣大的。

隨著時間的流逝,這些傳統媒介已不是最佳的傳播工具,取而代之的則是無遠弗屆的網絡科技,其中最唾手可得的當然就是社交媒體了。利用社交媒體傳播,不僅有廣大的觸及層面,而且操作方式簡易,更重要的是,它是零成本的媒介。因此,我列出了如下的方程式:

價值 X 觸及 = 財富方程式

只要把你的價值,呈現在無孔不入、且零成本的社交媒體上,擴大人群觸及層面,那麼這一盤生意,幾乎是穩賺不賠了。

現在,你知道為什麼Laura要花這麼多時間和蛋糕拍照了嗎?

 如何經營社交媒體?

既然我們已經了解社交媒體的魅力和威力,就應該好好利用這項工具來展開我們的創業之路。首先,我們來談談:你在自己的社交媒體賬號上都做了些什麼?

對大多數的人而言,社交媒體更像是「生活記錄本」。他們會發旅遊的照片、寫生活中的隨想、記錄生活中的某些大小事和心情等。當人們在做這些事時,總覺得不費吹灰之力,有時心情還得以放鬆。然而,這些關於你的資訊太繁瑣、太紛雜,除了家人朋友會點贊之外,難以吸引其他人。那麼,我們要如何經營社交媒體,才能達到最佳的收益呢?

(一) 去蕪存菁——只說重要的事情

如今,我們處在資訊爆炸的世界,眼前不斷掠過一則又一則的信息,耳邊也不斷聽到一個又一個的消息,有時真有一種五官被持續轟炸的無力感。在這種情況下,重要的信息很容易就會被淹沒在海量的資訊當中,就像你的電子郵箱裡總塞滿上千則的商業資訊,而你一個不留神就會錯過了老闆發給你的重要郵件。

試想像一下,如果你把每日的流水賬都寫在面子書上,到過每

個景點的打卡照都通通上載到Instagram,人們看到的就只是:一個普通人的日常生活。毫無特點,毫無價值,當然也無法抓住人們的眼球。那到底要怎麼做,才能讓人看到你最特別的價值?

答案很簡單。

你只要把你最珍貴的價值展現出來就好了,其餘的無須分享太多。

網絡上有一句很流行的話:重要的事情說三遍。

其實事實正好相反,我認為「只說重要的事情」更為有效。如果你只說重要的事情,哪怕你只說了一遍,人們就能夠記起來了。為什麼?因為你只說了那麼一句話,那唯一不僅簡單扼要,而且正中紅心的話,人們能不記得嗎?

May是個全職媽媽,平時的職責就是照顧兩個孩子,以及打理家裡一切的瑣事。May沒什麼特別的愛好,最大的消遣就是有空時滑滑手機,在朋友圈中分享育兒心得和生活點滴。隨著孩子來到讀書年齡,May開始想在孩子們的身上投入更多資源,想為他們報讀一些才藝班、補習班之類的。為了增加收入,她跟著朋友從零開始學習,當起了網路代購。當時,她的每個月的額外收入大約是300~400新幣。

我在商業輔導課程裡認識了May。聽完了她的故事,我馬上看到了她身上的閃光點。

「May，你有沒有考慮過當導師？你可以在網路上創建自己的課程，教導其他家庭主婦當網路代購，讓她們和你一樣，能坐在家裡賺錢。」

「像我這樣的全職媽媽也能當網絡導師？哎喲Chris，你該不會在開玩笑吧？」

「當然不是開玩笑，這只是『做』或『不做』的選擇題而已。你可以從經營社交媒體開始。這本來就是你每天會做的事啊！」

我和May開始坐下來，認真地審視她的面子書。May的面子書上的好友很多，發文也相當頻密，每一則文下互動的好友也很多。

「哎喲！這些好友，有些是我以前的同學和同事啦，還有一些其實我還沒和他們見過面呢……」May說著說著，似乎有點難為情，「哎喲！都是一些全職媽媽啦，經常在分享育兒資訊啊、或是相互介紹超市優惠商品……慢慢地就互加了好友，也經常在網路上互動了。」

「這些都是你多年來累積的人脈和資源呢！」我沒有看錯，May真的是一隻潛力股。「不過，你的社交媒體的資訊太繁雜了。現在，你的價值就像一朵還未盛開的花苞，被紛亂的枝葉擋住了。你要把這些多餘的枝葉清除掉。」

我為May找到了一個「創業媽媽」的定位，要她以「網路代購」為主題地去經營社交媒體，至於其他的生活點滴，可以逐漸減

少。May把她網路代購的學習之路寫成文章,分享了當中所賺得的利潤,有時也把當代購時遇上的小插曲寫成有趣的故事,當然少不了po上某些大單的交易記錄(放心,聰明的May會把敏感資料都遮蓋起來)。

不出幾個月,May的社交媒體湧入了大量的粉絲,她的文章和影片也被大量轉載。那時,May的氣場已經露出自信了,再也不是當時那個「哎喲」「哎喲」、又覺得難為情的全職媽媽了。她開始創建自己的網絡課程,吸引了一大群想創業、想改變的全職媽媽,每個課程都獲得了很好的評價。

May已經不僅是兩個孩子的媽媽了,她如今是一個企業媽媽,更是一個創造者。May已經蛻變成鑽石了。

正如前面所說,社交媒體是讓你大放異彩的舞台。如果你希望人們可以第一眼就看到你的臉蛋,那麼就不要戴太大的頭飾,別讓頭飾遮蓋了你的樣子。經營社交媒體也一樣,只要找出你想要突顯的價值,把它當成一個主題,然後所有的文章、影片、分享鏈接等都圍繞着主題,你的價值就會經由社交媒體被推廣。這樣一來,人們立刻就會被你身上的光芒所吸引,並從你身上找到自己想要的資訊,繼而按下追踪鍵,成為你的粉絲了。

對了,關於May的故事還有後續。

May在過去的2020年裡,年收入為10萬美元。她如今經常參與各大企業活動,成為了商業講座會的常客,繼續利用網路來為人們帶來無限的可能。

當大部分的人都被疫情搞得焦頭爛額，May的生活和發展卻越來越好，這只能說明，擁有一個看得到你的價值的人，並且能夠立刻點出來，真的能夠改變一個人的一生。

(二) 見縫插針——控制時間成本

既然是創業，我們不能不提到成本。雖然選擇以社交媒體為創業的起步，確實已和「零成本」相去不遠，然而有一項成本，是每個人做每件事時都必須付出的———時間成本。

什麼是時間成本？簡單來說，時間成本指的是我們為了達到某項目標而付出的時間代價。無論做什麼事，如果我們能把時間成本控制在比較低的範圍，那麼相對的，我們的收益就會變高。

舉個例子，小明和阿偉同時在網絡上接了一項提供翻譯的任務，大家的收費都是100元，但小明花了三小時去完成稿件，而阿偉只花了一小時。雖然最後他們都獲得了100元，但阿偉的100元顯得更有價值，含金量更高。這就是人們經常容易忽略的時間成本，可別小看這兩小時的差異，長久下來它是一項能決定生意成敗的關鍵指標。阿偉能利用第二和第三小時去完成另外的稿件，計算起來，三小時就能進賬300元；而小明花了六小時，才賺進了200元。以此類推，阿偉賺得越來越多，生意搞得有聲有色，而小明虧得落花流水，最後也許就覺得心累，不做了。

簡單來說，我們必須提高時間的利用效率。每個人一天都有

24小時，在這裡，我不會推崇傳統「十年寒窗」的作業方式，因為以這種方法得到的收益，是不太符合經濟效益的。相反的，我建議的是「見縫插針」，把握一切可以利用的時間、空間、機會等，來創造相關的收入。

Britney是個愛健身的女孩。她已經完成了人生一項很偉大的目標：從70公斤變成48公斤。沒錯，Britney靠運動和飲食控制，一步步邁向了完美身形。如今，她打算在網路上分享她在減肥路上的心路歷程，教導大家正確的減肥方式，並期待以此完成她人生中第二個偉大的目標：賺進第一桶金。

「Chris，這些是我製作的影片。」Britney給我看她拍的片子，有些是她在騎健身自行車的，有些是她在廚房裡做健康沙拉的。

我仔細地盯著畫面，有些銜接的部分顯得有點突兀，看起來不太自然，似乎經過反復的剪輯。

「我花了很多時間拍攝影片，還要進行後期的剪輯，真覺得有些吃力……」Britney懊惱地拂了一下長髮，「最近都沒時間運動了！我還得維持目前的體態啊！要不然就失去說服力了……」

「這些影片，都是你特地拍攝的？」

「對啊！你不是建議我製作影片來創建自己的課程嗎？」Britney懵了一下。

「我的確建議你製作影片，但如果每一條影片都花去你不少

的時間，甚至影響了你日常的生活，那就遠離我們的初衷了。」我解釋道，「我們之所以利用網路來創業，不外是看中了網路工具的低門檻、高度靈活性和高效收益。然而你為了製作影片，犧牲了原本的生活品質，這是本末倒置啊！」

我讓Britney重新把生活重心放到運動上。不同的是，在運動之前，Britney先簡單地設置一部手機，把自己運動的過程記錄下來。Britney做各種健康料理之前，也會先在廚房裡設置一部手機，記錄需要準備的食材、或是製作健康料理的各種步驟等。如此一來，Britney的生活和工作就能同步進行，既能過上自己想要的生活，又能以「記錄」的方式來製作影片，作為網路課程的內容，賺取被動的收入。

能掌控時間的人，就能掌控未來。這可不是科幻電影中對時光機的描述，而是最樸實無華的人生道理。對於生活在現代的我們來說，大家嘟嘟嚷嚷的都是：「時間不夠！沒有時間！」然而，只要我們具備「見縫插針」的慧眼，抓緊每個可以利用的時間和空間，哪怕是再零碎、再不起眼的幾分鐘，都具有進賬千萬的無限潛能。時間就是金錢，這句話雖是老生常談，卻一生受用。

Britney後來怎麼樣了？

她憑著源源不絕的「生活錄」，很快地便在不影響自己正常生活的情況下吸納了一群粉絲。接著，新冠疫情肆虐，全球人們都只能閉關在家，Britney抓緊機會，通過社交媒體的直播來號召粉絲們一起居家運動，自此粉絲人數更是節節上升了。後來，Britney和

健康飲料的品牌合作,也順勢開啟了業配的道路。也許哪一天,我會在書局暢銷書排行榜上,看見Britney的健身書呢!

既然你已經掌控了時間,未來還有什麼是不可能的呢?

為何選擇社交媒體是一種嚴重的錯誤——有「交」無類

在商業輔導課程上,有些問題被提及的頻率特別高。

「Chris,哪一個社交媒體最有效?最快吸引粉絲?」

「Chris,我製作了好幾條影片,我應該放在YouTube還是TikTok?」

「Chris,我們應該先預設自己的客戶群,再根據社交媒體用戶的年齡層作決定嗎?」

這個問題問得真不錯,然而當中卻藏有很大的迷思。這次我們不說故事,來玩一玩情景題。

你是個剛從大學畢業的社會新鮮人。你在大學校園裡舉辦社團活動、融入不同的社交圈子,當然也沒有荒廢課業,度過了多姿多彩的大學生涯。四年後,你終於以一等榮譽學士學位畢業了。此刻的你,對未來躊躇滿志,心裡有一幅等待實現的夢想藍圖。為了要大展拳腳,你開始積極地瀏覽求職網頁,想要找到薪資最好、福利最棒、企業文化又和你契合的公司。

你開始精心準備履歷表,簡述自己的學習經歷、列明在各大活動中所獲得的榮譽和獎項,當然還要說明自己的適合擔任某項職位的原因,並且附上了相關的文件。

終於,你準備投寄履歷表了。這時,你會:

把履歷表投給一家公司?

投給符合你要求的公司?

投給你符合應徵條件的公司?

也許每個人都有不同的答案,但大多數人都不會選擇只把履歷表投給一家公司。為什麼?

既然都履歷表都已經準備好了,為什麼不多投給幾家公司呢?這樣一來,獲得工作的機會才大啊!

怎麼樣?是不是感覺茅塞頓開呢?

在創業的道路上,「選擇社交媒體」和「履歷表只投一家公司」是一樣的錯誤。我們之所以會思考「哪種社交媒體比較好」,是因為我們都知道社交媒體的魅力,它能讓我們盡量曝光,為我們帶來流量,再來就能把流量、粉絲人數變換成收入。然而,這恰恰成為了我們的迷思。

所以我在這邊想要傳達一個很重要的訊息,社群媒體會汰換,因為舊的會被淘汰,新的會被關注,到最後到底哪個會變成主流,沒人知道。

但我敢肯定的是，只要內容是好的、有價值的，無論是哪個平台，它都會產生它的效力，為你帶來你需要的大量曝光。

所以與其告訴你，哪個平台比較好，這種會有時效性的知識，我寧願和你分享這一輩子都受用的方法和技能。

在網絡的世界裡，一切皆有可能，而且也沒有一定的規律可循。一個五音不全的人錄製了一條唱歌的短視頻，可能會因為他自我陶醉的模樣而一夜爆紅；一個默默無名的YouTuber無意間說的一句話，可能正好適合用來嘲諷當下的某個大事件，於是就成了火紅的網絡流行梗……這些都是在網絡上經常發生的情節，足以說明網絡世界並非事事都能以科學與邏輯來推算。當我們從零開始時，手上既沒有任何數據，也無法做任何有理據的分析。因此，我們不要急著為自己設限，急著選擇哪一個合適的社交媒體，而是有「交」無類——選擇社「交」媒體，並且不分等級種類。

當你製作了影片，接下來的動作不是思考哪個社交媒體能吸引更多的粉絲，也不是分析哪個社交媒體更接近你預設的客戶群，而是把你的影片，上載到所有能承載影片的社交媒體。

當你寫了文章，請不要先擔心文章上載在哪個社交媒體會獲得最高的瀏覽數量，也不要去推測文章會獲得多少的轉載量，而是把你的文章，發表在所有能接觸人群的社交媒體上。

人們在創業起步時最大的迷思，即是在還沒實際操作之前，就急於推理和猜測。在獲得數據之前，任何的猜測和推理都是不切實際的，與其多花時間去分析，不如專注在做內容和爭取曝光吧！

「Chris，難道我們只管在所有社交媒體上曝光嗎？這背後的數據，我們真的可以不去理會嗎？」

當然不是。

在我創業的道路上，曾經有一位商業導師說了這麼一句話：「量變會變成質變，質變會帶來量變。」這句話的意思是，你先要把內容的數量做出來，內容就慢慢會有質量上的變化；當質量上有了變化，接著就會帶來金錢數量上的變化。當我們製作的內容越多，再經過所有的社交媒體去接觸不同的人群，我們就能逐漸掌握數據，而此刻就能依據數據來調整內容，使內容的質量越來越精細。當內容質量提高了，自然就能吸引更多客戶，金錢的數量也隨之增加。

我自己便有這麼一個經驗。當時，我想探知中國市場對於商業創業課程的反應，於是便下載了好幾個中國的社交媒體，如快手、抖音、Bili　Bili、小紅書等。我將兩年前的一支影片，原封不動地上載到這些社交媒體上，然後坐等所收到的數據。結果，在一天之內，我的影片在抖音和小紅書上有了100次左右的觀看次數，但在快手上竟然達到了1,000次觀看次數。這就是我們在收集數據時未知的驚喜——你永遠不知道哪些社交媒體會給你帶來最大的流量，只有實際去做了，才能獲得真正的數據。

所以，正確使用社交媒體的方法，其實是先不局限於社交媒體的種類，盡量觸及人群，等你獲得數據了，再去對內容作出適當的調整。

既然社交媒體作為一種零成本、低門檻、傳播廣的創業工具，我們何不好好把握這項工具的優點，以更多的可能性去開拓我們的前景呢？

第二章

既是鑽石，那就不要把自己放進塑料袋裡面：
打造個人品牌

我們都是活在21世紀的人們。

21世紀的世界裡，有日新月異的科技，有蓬勃起飛的經濟，有高度發展的城市，還有爆發性增長的消費能力。而談到消費和購買，自然免不了提到近年來極受重視的———品牌。

「品牌」這個詞彙經常縈繞耳邊，然而「品牌」到底是什麼？是Apple和Samsung？是Nike和Adidas？沒錯，這些耳熟能詳的商品牌子確實是品牌之一，但品牌可不僅止於那缺一口的蘋果，或是那簡單利落的勾勾。

品牌，是一種價值理念，一種精神象徵，它是利用產品來體現的企業核心價值。

別急著撓頭，先聽聽我說的故事吧！

經營品牌就像經營自己

Philip今年35歲了，是一個在科技公司上班的程式員。他認真工作，無不良嗜好，就是生活圈子狹窄，來來去去都認識不了能發展下去的女生。Philip的母親不想看他一直當個光棍，於是便開始安排起熟齡又未婚的男女們最抗拒的事———相親。

Philip也不例外。他不喜歡相親，要是想認識女生，他寧可自己玩交友軟件，也不願出席相親飯局。想想，兩個人，一左一右，既不認識，又不情願，簡直就是災難等級的尷尬啊！

可是，母親的命令卻不得不服從，Philip還是硬著頭皮去了。

女生進來餐廳的時候，Philip就呆住了。

她的個子不高，留著一頭中長髮，上身穿著一件白襯衫，素色的裙擺隨著她的步伐飄蕩。她的手上戴著一個男裝手錶，顯得幹練而利落。她臉帶微笑，禮貌而不失親切，落落大方地對著Philip說：「你好，我是Jane。」

Philip下意識地理了一下衣領，想讓自己更整齊一點。

接下來，Philip和Jane開始交談。從談話中，Philip知道Jane在一家律師事務所上班，平時工作相當緊湊，但無論多忙她都會抽出時間來閱讀，有時讀一讀散文和小說，有時則也讀商企管理類的書籍。週末的早上，她喜歡約幾個友人去登山；晚上則喜歡一個人沉澱的時光，偶爾也會動手烘個香噴噴的蛋糕，第二天帶到公司和同事們一起分享。

Jane還聊起了對未來的人生規劃。她認為一紙婚姻只不過是個形式，最重要的是和伴侶在精神層面上的契合，並認為婚姻不應該有年齡焦慮。這和Philip的看法不謀而合。

那天，Philip和Jane聊得很愉快，一點相親飯局的尷尬也沒有。Philip覺得Jane知性而溫婉，不疾不徐的語速讓他格外舒服。臨走前，Philip禮貌地要求合照，Jane也爽快地答應了。

Philip以往參加的相親飯局，都讓他感覺比上班還累，今天的

他卻一反常態地覺得精神亢奮。他把和Jane的合照傳給Ken——他從小到大的「麻吉」。

「我和今天的相親對象的合照來啦！她很正吧！」

「什麼？Jane就是你今天的相親對象？」

「（驚訝）！你認識Jane嗎？」

「前陣子，我的公司不是要諮詢法律方面的問題嗎？當時和我接洽的正是Jane啊！」

「我的天（驚訝）！世界還真小啊！」

「我公司的同事們對Jane的評價很高哦！她辦事效率高，法律知識專業，而且最重要的是，她說話就像一陣清風，完全不像其他律師有咄咄逼人的感覺。嘿，兄弟，不要走寶咯！」

和Ken聊完後，Philip綜合分析出對Jane的認知：外型不錯，個性大方且獨立，知性而溫和，和自己三觀一致……

Philip認為，Jane就是那個真命天女。

接下來，猜一猜Philip會怎麼做？

Philip肯定會再次邀約Jane，也許是一同看電影，或是一起吃個飯。後來的後來，Philip和Jane就成了一對幸福的戀人了。

故事聽完了，現在讓我們把剛剛的故事套進「品牌」之上。

認識相親對象的過程，與接觸品牌的過程是極為相似的。首先，你聽到了一個品牌的名字，知道它的商標。接著，你看到了這個品牌的產品，知道這個產品的外型設計和顏色選擇。過後，你開始瀏覽產品的介紹，了解它的功能，知道它能解決什麼問題。最後，你了解到了商標背後的故事和核心價值，也知道了它的內涵和文化，並且身邊的人都對這個品牌有很高的評價。你綜合分析並得到一個結論——這品牌不錯，我很喜歡！於是，你開始下單購買了第一個產品，不久後又買了第二個、第三個⋯⋯

最後，你成了這個品牌的粉絲，這品牌也順利地和你建立了長期的關係；就像故事的最後，Philip和Jane攜手走上了幸福婚姻的道路。

說得具體一點，品牌就像一個人設。這個人設承載著他本身最具價值的特質，並且通過他的外表、打扮、談吐、舉止表現出來。Jane在職場上幹練而高效，這個特質通過她佩戴的男裝手錶隱約散發出來；Jane愛好閱讀，因此談吐的內容顯得充滿智慧而知性；Jane個性獨立，所以喜歡享受晚上獨處的時光。

只要你列出自己的特質，並且稍微花點心思，具體地展現出來後，這時別人眼中的你，其實就已經是你個人的「品牌」了。

經營品牌的道理也如出一轍。Apple想讓人們有高檔、優質、獨特的感觀，於是Apple旗下的手機和筆電，外型和桌面設計都顯得乾淨、簡單又高格調（高檔、優質），其iOS驅動系統甚至不支援其他系統（獨特）。Louis Vuitton（LV）的品牌定位是低調、奢華、

便捷,因此LV皮革行李包設計簡單易攜(便捷),經常披著棕色和栗色相間的外皮(低調、奢華)。Rolex的精神價值在於卓越、先鋒,所以一直以來都以精密機芯、精準時計而著名(卓越、先鋒)。

想讓人們怎樣看待自己,就展現出怎樣的自己。這可不是繞口令,而是經營品牌的核心道理。

經營品牌就像經營自己,現在你看懂這句話了嗎?

Q 如何建立品牌?

我第一次見到FiFi Fu(傅亭瑀),是在一次商業輔導課堂裡。當時,她是課程中的其中一名講師。

說不上為什麼,FiFi給我一種很親切的感覺。當我們開口說第一句話,才知道這種親切感源自何方。

「原來我們是同鄉啊!」我和FiFi一起笑起來。

人在異鄉為異客,偶爾遇見同鄉總是異常興奮。FiFi長著精緻的V型臉,及肩的中長髮,一雙眼睛總是帶著好奇與笑意,說起話來十分溫柔。她穿著端莊又高雅的白色長袖衣,提著一隻精品手袋,看起來像個陶瓷娃娃,眼神中卻有著堅定和自信。我們只來得及聊了幾句,FiFi就要上台為學員們講課了。

課室裡的燈光稍微調暗了。當電腦PPT上關於FiFi的個人資料

被投影在屏幕上時，我心裡不禁對FiFi肅然起敬！

「FiFi Fu曾是世界500強企業———歐萊雅集團的幕後品牌推手，對Marketing操作經驗豐富，也在國際著名時尚品牌Giorgio Armani Beauty負責過無數新產品開發與上市，幫助品牌以精准的策略打響知名度。」

（左起）Anywhere Piano 創辦人, Wendy Tan; 國際投資講師, Borwen Neo;
一人創業策略師, Chris Chen; 國際品牌幕後推手,
FiFi Fu; 亞洲巴菲特, Sean Seah

課後，我又抓緊機會和FiFi聊天。原來FiFi從前是在快速消費品（Fast-moving Consumer Goods, FMCG）產業公司任職，後來到了法國唸書後，才加入了精品品牌管理和行銷的團隊，前後已經打拼8年了。

「從快消品產業轉換到精品產業，這個變化挺大的，對嗎？」我問FiFi。

「真的還蠻大的！」FiFi笑著說，「以前我的公司賣的是台灣黑豆醬油，為了提高業績，我不得不想出各種促銷的點子來吸引顧客。記得有一次，我想出了買醬油送雞蛋的促銷方式，那次的銷量非常好，真的讓我有滿滿的成就感。可是，促銷期一過，醬油的銷量又大不如前了。當時的我幾乎天天在為這件事煩惱，到底要怎樣才能維持高銷量呢？一直到後來到法國唸書後，回想起這段經歷，我才知道當中的秘訣和品牌的建立有很大的關係。這也是我們應該向精品品牌的管理模式學習的原因。」

我不禁豎起了耳朵，準備洗耳恭聽。

「品牌就是企業的價值和精神，而產品就是這種理念的載體。所以，要建立品牌，首先必須想出品牌所承載的DNA，我認為這很重要。這樣一來，我們才能創建品牌的影響力。一旦影響力已經存在了，哪怕你推出什麼產品，不管價格多高，甚至沒有促銷，人們都會熱情地追隨並購買。」

「一個好的品牌，會讓客戶追著你跑。」

FiFi說完這句話，我看見她的眼神裡閃爍著光芒。

🔍 品牌識別棱鏡

建立品牌其實和企業自身的價值脫離不了關係。巴黎HEC商學院教授Jean-Noël Kapferer提出把品牌識別看作一個六角棱形,每一條邊都代表著品牌的重要元素。這套方法稱為「品牌識別棱鏡」(Brand Identity Prism)。

品牌識別棱鏡 Brand Identity Prism

2.1 將一個品牌從不同角度分開, 識別並利於消費者理解。

外在化和內在化相當於一個人的個性和著裝。不知道大家有沒有過類似的經驗:當你和你的朋友初識時,他們對你的第一印象,往往跟認識久了不一樣。那是因爲大部分人沒有將我們的內在(個性),完整地體現於我們的外在(著裝、打扮)。你可能會發現,所有膾炙人口的品牌,它們的外在與內在,都有著強烈的一致性,無論大眾品牌,如麥當勞、可口可樂,或精品品牌,如Louis Vuitton、Rolex。

如上圖所示，品牌識別棱鏡的右邊代表的是品牌的內部元素，就像它們的DNA一樣。左邊則代表著品牌的外部元素，這就像它們的樣子和行為模式。右邊的內部元素，會反映在相對的外部元素上，例如一個品牌的「個性」，會表現於產品的「外觀物質」之上；而其「文化」，則會反映在客戶和品牌的「關係」上。

FiFi在課堂上以著名精品品牌Chanel作為例子：

2.2 分析Chanel品牌的識別棱鏡

「Coco Chanel 是法國先鋒服裝設計師，也是著名精品品牌Chanel的創始人。她個性大膽，而且追求完美，最為人津津樂道的是她那前衛的創意。當時正值二戰後的時代，Chanel設計了前所未有的女性褲裝，主張解放女性。戰後，世界正處於百廢待舉的時候，女性普遍想突破固有的框架，於是Chanel的女性褲裝迅速地俘虜了女士們的心。」

雖然我向來對精品品牌沒有特別的心得，但Coco Chanel的事蹟確實十分吸引。

「Coco　Chanel以自身的個性塑造品牌,於是她那份野性的直覺、精緻而完美的創意,表現在款式簡約又時尚的服裝上,以黑白二色為主,標誌為雙C。而Chanel企業的文化以直率、前衛與解放為基調,當時的女性都渴望能擺脫枷鎖,希望能自由地做自己,追隨著Chanel的腳步,這樣的文化正好建構了品牌與客戶之間的強烈連接。而Chanel的自我形象為獨立、自主而優雅的女性,這樣的形象反映在現實中,就會吸引時尚高雅的女性——客戶總會想藉著品牌來建立身份認同,認為自己穿上了Chanel的女裝褲,塗了5號香水,就是優雅而時尚的代表。」

FiFi Fu 在研討會裏和學員互動交流。

想要建立品牌，一定要兼顧「自身」和「客戶」。一個好的品牌在呈現自身的特質和價值之餘，還能藉著品牌的精神來和客戶建立長遠的關係。當客戶以實際行動支持你的品牌，成為鐵粉之後，你的品牌勢必能持續發光。這麼一來，除了能建構穩定的生意模式之外，還能繼續圈粉，吸引更多的潛在客戶。

FiFi在那次的課堂上還陸續為學員們分享了Dior、YSL等品牌的識別棱鏡。我對其中一張PPT甚有印象：那是一個大三角形，Chanel、Dior和YSL分別佔據了三個角，大意是指這些品牌和三種女性身份認同的連接：Chanel構建了「女王」的風範，Dior代表「公主」的可人，而YSL折射出「精靈」般的吸引力。

2.3 分析Chanel, DIOR和YSL三大品牌對女性身份認同的識別棱鏡

「FiFi，你認為你的DNA最接近哪個品牌？」我好奇地問道。

「哈哈！我工作時像Chanel，休閒時像Dior，想新點子的時候像YSL！」

「這正是我獨一無二的個人品牌！」FiFi笑了起來，溫婉而不失自信。

個人品牌的建立在於「差異性」

回到本書的主題，當我們想利用自身的知識和才技來創建網絡課程時，個人品牌的建立也是個成功的關鍵。網上課程那麼多，當中一定不乏和我們內容類似的課程。在商業輔導課程裡，我經常遇見為了達到獨創性而煩惱的學員。

「Chris，我想以烹飪為主題去製作教學影片，可是網絡上已經有那麼多煮食專頁了，我是不是該以更創新的內容來作為主題？」Jacky原本是煮炒攤的老闆，在疫情的衝擊下，生意受到了很大的影響，因此不得不另闢新徑。

「如果網絡上有人和你做類似內容的影片，那麼你應該感到慶幸。」我笑著說，「那就表示這個主題有很高的市場需求量，是人們願意買單的，這證明你的方向是正確的！」

「可是，這麼多競爭的對手，我要脫穎而出不是更難了嗎？」Jacky仍舊一副苦惱的樣子。

這就是建立個人品牌的重要性了。為了和市面上其他的產品區分開來，我們必須建立個人品牌，以類似的內容，做出完全不一樣的價值和感覺，這就是不同品牌之間的「差異性」。而這種「差異性」，只需根據以下的「三部曲」就能塑造起來。

1. 三個關鍵詞

首先，我們可以先列出和自己有關的十個關鍵詞。開朗或細膩？熱情或內斂？機靈或穩重？幽默或認真？接著，再請身邊的親朋好友一一檢視這些關鍵詞，並把最能代表你的三個關鍵詞選出來。通過這樣的方式，我們就能知道人們如何評價我們、我們給人們什麼樣的感覺，甚至能確認我們內在的想法與特質，是否和外部的表現相符。而重複頻率最多的關鍵字，就是我們身上的價值了。

「依我認識的你，我覺得這三個關鍵詞最能代表你。」我在白紙上圈出了「互動型」、「熱情」和「舞台型」。我還記得Jacky第一天在課堂裡作自我介紹時，我差點兒以為他是舞台劇演員。

「這三個關鍵詞確實很能代表我啊！」Jacky哈哈大笑起來。

「現在，你要緊抓這三種特質，想一想你的特質能如何表現在影片的內容和畫面上吧！」

Jacky製作出第一支影片後，便馬上傳給我看。他把家裡的廚房當成了舞台，從準備材料，一直到下鍋、起鍋，端菜上桌，畫面後都可以聽到他的歌聲！原來Jacky用朗朗上口的流行歌曲，把做菜的步驟填成歌詞，一邊唱一邊示範，還做上了和卡拉OK一樣的字幕！

「這影片有趣極了！」我一邊看一邊笑，馬上按下了訂閱的小鈴鐺。

烹飪的教學影片確實處處可見，但Jacky 成功地把自己極富表演欲的特質融入到影片裡。Jacky的「熱情」表現於他影片裡的歡樂氛圍，他身上每一個演藝細胞都能讓人們感受到「舞台型」的精神，他在影片中時不時的那一句「山上的朋友，大家一起唱！」也充分地反映出他愛「互動」的特質。

越來越多網民在討論Jacky的烹飪教學影片，他們稱Jacky為「那個唱K的廚師」──Jacky成功地展示出他和其他烹飪頻道的「差異性」，建立了自己的品牌。

關於Jacky的成就，還有一個有趣的小插曲。

有人發現Jacky的歌喉很不賴，後來他還以網上連線的方式，擔任了一場小型歌唱比賽的表演亮賓呢！

2. 品牌背後的故事

人們與生俱來就喜歡聽故事。小時候，我們纏著父母說睡前故事；少年時，我們看漫畫故事，也看言情小說；大學時期，我們看武俠小說、都市愛情小說、偵探小說；成年後工作忙碌，有些人已沒時間閱讀，他們都去看電影、看網飛劇集……不變的是，我們看的都是故事本身，只不過每種故事是以不同的形式呈現出來而已。

品牌也一樣。品牌不僅僅是一個產品，或一個教學頻道，它代表的是你的核心價值與文化。如何有力地表達出這些特質呢？我認為，用故事撐起品牌，能讓品牌更加立體，更能迅速抓住眼球，同時也更容易打動人心。

相信大家都看過電影或劇集吧！故事情節是重頭戲，人物角色當然也一樣重要。每個電影或劇集裡的人物都有特定的人設，就像《魷魚遊戲》裡的男主角成奇勳貧窮、善良，而這樣的個性是通過不同的情節鋪疊起來的———他工作的公司倒閉了，他幾次創業都失敗了，他的太太也因想要過上好日子而離開他，他人到中年還得依靠母親的救濟……這些情節都折射出成奇勳的貧窮。他加入了魷魚游戲後，多番照顧編號一號的老人，這正好說明成勳奇的善良。通過一個個情節的設計，成勳奇變得有血有肉，他的一舉一動牽動著觀眾的情緒，觀眾的注意力也一路跟隨著他，直到劇集播完了，還能成為茶餘飯後的話題呢！

看見了嗎？這就是故事的魔力。而品牌，一樣也能用故事撐起。

我曾經有一次到瑞典去旅行。瑞典以製造手錶聞名，當時我在一家鐘錶行看到一隻手工精緻的手錶，正想看仔細一點，笑容可掬的店員就迎了上來。

「先生，這是我們店裡最新款的自動機械表，不論是款式或材質都非常出色哦。」

店員把手錶從展示櫃裡拿出來，我拿著手錶在左手腕上比對。

「先生，你知道嗎？你現在握在手裡的手錶，曾經是一把長槍。」

「長槍?」我十分驚訝。

「對啊!這隻手錶的零件是用非法槍支熔鑄成的金屬製成的,我們稱這種金屬為『人道金屬』。這些非法槍支曾用於犯罪並被扣押,如今我們把這些麻木不仁的槍支化成手錶,使它們無法再傷害任何性命。」

「這真不可思議啊……」我頓時覺得手上的手錶變得很沉重。

「其實,這是我們和一些非營利組織合作的專案。為了推動更多反暴力專案計劃,我們會將手錶銷售盈利的15%捐助給非營利組織,希望以『時間』去推動『和平』。」

第一眼,我喜歡的是這隻手錶的外型和款式;第二眼,我看到的是這隻手錶的歷史和特質;第三眼,我被手錶背後的故事打動了。

我馬上買下了那隻手錶。

在這次買手錶的事件中,「人道金屬」成了這款手錶的品牌,「推動和平」則是品牌背後的偉大精神。我確實深受這品牌背後的故事所感動,臨走前還註冊成了這家鐘錶行的會員,希望以後還能在這家店消費,為世界和平出一分綿力。

誰說聽故事只是小孩的愛好呢?

3. 不推銷, 建情感

經營品牌就像經營自己。當你根據自己的特徵和個性樹立起某個形象（品牌）後，接下來就會開始到處交朋友、聯誼、交際（和消費者建立關係）。我們都希望能和別人展開長久而穩定的關係，期待能找到攜手共度一生的伴侶，或是惺惺相惜的好朋友。品牌也一樣，我們追求的是和消費者的長期關係，而且當中的道理也和尋找人生伴侶一樣：不推銷，建情感。

大家身邊都有從事保險行業或直銷行業的朋友吧！當有個從來不曾聯絡的舊同學突然和你聯繫，還很殷勤地要約你出來聚餐，你第一個念頭肯定是：哼！他是不是要向我推銷產品呢？還是要我當直銷團隊的下線？

為什麼我們會有這樣的念頭呢？因為我們認為，我們和這位舊同學沒有太深的情感。聚餐的目的無非只有兩大宗，要么聯絡感情，要么則是拓展商業活動。他肯定是無事不登三寶殿，肯定是來賺錢的！

人類是感情的動物。只要有了感情，許多事情就會水到渠成。有一位老爺爺，長久以來都光顧同一家老店。後來老店的老闆退休了，由他的兒子接手了，兒子進行了一系列的改革，把菜單改得面目全非，其中老爺爺最愛的蛋撻已經變成「葡式蛋撻」了。他口裡嚷嚷沒有老味道了，但還是每天早上準時報到。別人問他為什麼還去捧場，老爺爺幽幽地說：「吃的不是味道，是一種情懷。」

　　這就是和客戶建立情感的重要性。你得讓客戶愛上你的品牌，讓客戶不知不覺地養成了追隨你的品牌的習慣，讓客戶談起相關領域時就即刻想到你……那麼，即使我們完全不推銷、不打廣告，客戶還是會一路伴我們隨行。這就是情感的魅力啊！

　　我在創業初期時，花了相當長的時間在寫出我過去的經歷。我把自己低靡時期的故事寫出來，寫我家裡遇上了經濟困境、寫我三十歲了，可是口袋裡只剩130新元、寫我開始創業時遇到的打擊、寫我如何來到轉捩點、寫我身上發生的變化……也許看到這裡，你會感到奇怪：為什麼不把時間花在開發內容上，而要在社交媒體上寫自傳呢？

　　「Chris，從你的身上，我看見了自己。我希望有朝一日也能像你一樣，走上截然不同的道路！」

　　「Chris，我最窮的時候比你還窮！我想向你學習，想和你一樣擺脫貧窮。」

　　「Chris，兩年前我辭職創業，也遇上了打擊，把我的積蓄都花光了。請教我如何用網絡課程來翻身吧！」

　　我利用了自己背後的故事，來和大家建立情感，讓大家在追隨我的品牌之餘，有一種身份上的認同。網絡上教導人們創業的導師何其多，我必須要以自己的故事來撐起我的個人品牌，並且這故事要能吸引和我有類似經驗的人們，從而和他們建立起「我們是一樣的」的情感，才能讓大家願意追隨我。

這種被動的圈粉法則十分受用。說得明白一點，其實就像「桃園結義」的故事。劉備想闖一番事業，他有偉大的目標和抱負，想要匡扶漢室，一統天下。他遇見關羽和張飛後，便和他們暢談人生理想（品牌背後的故事）。關羽和張飛聽了劉備的話，發現原來大家都有拯救百姓，平天下之亂的想法（類似的經驗），於是迅速建立起了感情（身份上的認同），最後在桃園結拜為兄弟（建立關係）。

聰明的你，一定明白桃園結義後面更重要的訊息。

關羽和張飛一生都對劉備不離不棄──這正是和客戶建立情感的精髓所在啊！

綜合以上所談的，「品牌」之所以那麼重要，其核心就在於和市面上相同內容之間的「差異性」，以及「鮮明」的個人特色。創業初期，很多學員擔心自己做的內容不夠創新、不夠新鮮，而這只是一種迷思。我們不該擔心內容相似，而應該盡量豎立鮮明的特色。例如，市面上的補習班多得讓人眼花繚亂，但為什麼只有某位補習老師的名氣最大？為什麼他的學生總是爆滿？原因可能在於他的個性、說話的方式、講課的方式和其他老師不一樣，因而建立了具「差異性」和「鮮明」的品牌，光芒自然就會蓋過其他老師了。

Q 何謂行銷?

商業的模式,不外乎三個板塊:品牌與產品、銷售與盈利、客戶與服務。這三個板塊相輔相成,相互發揮作用,就能把利益極大化。其中最關鍵的生財之道,自然和銷售脫離不了關係。

還記得那位漂亮又能幹的FiFi嗎?沒錯,她是國際精品品牌的行銷推手。我在她的課堂上,聽過一個學員這麼問道:

「行銷的核心是什麼?」

FiFi微微一笑,以一個句子來概括:

「行銷就是,以對的價錢,找到對的人,在對的地點把產品賣給他。」

FiFi 第一次和《創作者元宇宙學院》創辦成員合照。

「Philip Kotler 是行銷之父,是我很崇拜的一個商業奇才。他對行銷的起源給了很清晰的解釋。」FiFi按了按電腦上的鍵盤,PPT上的資料被投影在屏幕上。

「行銷是從業務部分延伸出來的。因為業務員並不想撰寫產品手冊、登廣告或作行銷研究,他們只想售賣產品,所以業務部只得增加一位行銷研究員和廣告經理。時間久了,人員不斷擴編,行銷就成了一個獨立的功能。」

行銷一開始的本質,原來是研究員啊!我的腦海浮現穿著白袍的科學家,握著試管,盯著顯微鏡,正想辦法弄清楚病毒的起源和發展。

「因此,我認為行銷最重要的是方方面面的策略。有了全面的策略,實際銷售時才能事半功倍。既然要有全面的策略,首先我們必須做市場調查,接著要設定潛在的目標客群,然後要研究客戶的需求,最後制定一個正確的價位,在適當的時機把產品賣出去。」

市場調查、客戶需求,這當中自然少不了探究人們互動的模式、人們的思維,以及各種與人相關的活動和經驗。行銷幾乎可被列入人文科學的範圍了!

Chris 受邀在知名商業媒體, Enterprise Zone 上的專訪。

　　我認為FiFi說得很好。行銷是由一系列的策略所布下的大網, 把目標客群都網羅在其中, 然後在正確的時間和場合, 以合適的價格售出商品。有鑑於此, 行銷大網裡的消費者, 往往由於需求和痛點被體貼照顧, 而且在品牌建立的過程中已與其建立起情感, 隨著時間的推移, 這些消費者終究會變成粉絲, 對某個品牌不離不棄。

　　說明白一點, 其實行銷的成功, 有一部分是建立在人性的掌握上。如果你可以看透人們需要什麼、可以共情人們的痛點、可以想像人們會在什麼時候被吸引、可以預測人們什麼時候會掏錢買單, 然後抓準這個點, 就能張開行銷之網, 打造穩固的生意模式。

　　在創建網絡課程時, 我們同樣必須洞悉當中的人性。既然是

網絡課程，我們不妨想一想：怎樣的導師會讓你想一路追隨？你如何開始信任這位導師所說的話？為什麼非這位導師不可呢？到底是什麼讓這位導師脫穎而出？

答案很簡單，一言以蔽之：這位導師很厲害、很棒。

我們接下來要思考的是，怎麼做才能讓人覺得很厲害、很棒？

人們會把哪些行為和模式歸類為「很厲害、很棒」？

歡迎學習我們的「巨星行銷法」！

巨星行銷法

巨星行銷法，簡稱「S.T.A.R.S」。這是一套我和團隊獨創的行銷模式，在這個資訊爆炸的年代，特別受用於提升品牌的辨識度。

尤其網路上的詐騙過於猖獗，所以要如何在短時間內讓別人對你產生信任感，會是一個非常重要的環節。

這就是為什麼巨星行銷法很有效，因為它建立於人性的思維和行為之上，這套行銷方法適用於曝光個人品牌，並緊抓人們的眼球，從而達到推廣和宣傳的目的，最後能引你走向行銷成功的康莊大道。

字母	代表意義
S	**Social Media 社交媒體** 若要增大曝光率,第一項要做的就是經營社交媒體。社交媒體作為一種無遠弗屆的通訊管道,無論在建立品牌或傳播內容上,都能起到很大的作用。此外,社交媒體作為一種互動的平台,不僅易於讓粉絲追隨,更能引流變現,創造商機。
T	**Traditional Media 傳統媒體** 如果你的照片、事蹟等曾經登上任何傳統媒體,如報章、雜誌、電視、電台等,就特別容易博取人們的關注,這種現象稱為「媒體效應」。媒體效應帶來的是人們的注意力,只要好好把握,輕則使你逐漸嶄露頭角,重則能掀起新的風潮。無論是人或是一隻寵物、動物等,都能引起媒體效應,如南非世界杯帶紅的章魚保羅,由於它幾乎能百發百中地預測球賽的成績,因此被媒體廣泛報導,最後還登上了《時代》周刊的封面呢!
A	**Author 暢銷作者** 雖然我們已進入網絡世代,但人們對書籍還是有一股崇敬之心。所謂書中自有黃金屋,人們普遍認為書裡所承載的知識既偉大又值得推崇。因此,如果在打造個人品牌或創建網路課程之餘,你同時也是暢銷書的作者,這無疑就像施了一劑加強劑,不僅擦亮你的導師形象,還能在市場上增加影響力,繼續圈粉無數。
R	**Related to other celebrities 和其他名人同台** 名人效應,指的是名人出現所達成的引人注意、強化事物、擴大影響的效應,通常會引起人們爭相模仿的現象。如果我們曾經和名人同台,或是合照等,就能夾帶名人的光環投射在自己身上,讓人們在評價你之前,就對你有某程度的肯定。這樣的曝光方式相當普遍。在餐廳裡,我們一定在牆上見過一幅幅餐廳老闆和明星、政治人物或烹飪界大師的合照,這當中就在利用名人效應來達到為餐廳宣傳的目的。
S	**Speech 在台上演說** 在這個鍵盤當先的時代,在網絡上唇槍舌劍一點也不難,然而在現實中為大眾演說,這可不是簡單的事。如果你有在講台上演說的經驗,甚至只是站在台上領獎、拍照,這都能為你營造出非同凡響的成功感。世上的眾生芸芸,能站在台上為人仰望的,實在為數不多。一張在站在台上面對千萬觀眾的照片,很可能就是別人開始注意你的契機,是非常有效的曝光方式。

以上就是巨星行銷法（S.T.A.R.S）的五大元素。只要你懂得利用這五大元素，並在適當的場合展示出來，就能迅速讓人們對你刮目相看，並且馬上記住了你。

　　上圖分享的是我在推廣商業輔導課時的宣傳片，裡頭展示了我曾登上的各種傳統媒體的標誌，也清楚看見我的暢銷書封面，而我拿著麥克風，說明著我曾經登上講台演說，而後面的背景是人山人海的講座會現場。

　　一張包含S.T.A.R.S 元素的宣傳照片，能營造出成功的氛圍，也能把你打造成巨星。

　　「這位導師看起來很厲害、很棒！」你是不是也有這樣的感覺呢？

　　這五大元素既是你的名片，也是你的成績單！

第三章

知己知彼，百戰不殆：
人們需要什麼內容？

活到老，學到老。

這句話雖然老套，但是當中的意義深遠。所謂「知識就是力量」，有了知識，你能拓展眼界；有了知識，你能開創未來；有了知識，你能創造財富。知識，能讓你以不同的角度去看待世界，能夠改變你的一生。

小時候，父親買了一套錄音帶讓我學英文。雖然錄音帶已過時，但資訊產品、學習資訊的產業仍然蓬勃發展。數位化取代錄音帶，學習產業永無止境，25年前父親買一整套錄音帶，25年後的今天，會不會有人想要買一整套產品讓孩子學習英文呢？

答案是肯定的！

由此可見，「學習」確實是一門永不退熱的生意──因為知識是沒有飽和點的。

在學習的路上走了這麼久，你有沒有想過，自己也能當老師呢？如果你來當老師，你覺得你會是什麼老師？你的學生需要哪方面的內容呢？而你又會如何教導他們呢？

在談完創業思維和品牌後，我們將在這個章節談談網絡課程的本質──網絡課程的內容。

我的課程要做什麼內容？

在疫情下的這兩年裡，世界起了很大的變化。撇去疫情對人們的衝擊不說，我發現在網絡世界裡的光景也變得大不相同。過去，

社交媒體上充斥著各種產品銷售的廣告；如今，社交媒體上的廣告以推銷課程為最大宗──各種學科的網絡補習班、生活才藝的課程、傳授投資致富秘訣的課程等等，多不勝數。

我知道，你也肯定看過這些推銷課程的廣告。每當我把創建網絡課程的概念告訴大家時，很多人都會搖搖手說出這樣的話：

「大家都那麼優秀，又有學問，才可以創建網絡課程啦！我既普通又平凡，根本找不到可以做的內容啦！」

「你知道嗎？在人們還不認識手機定位、智能導航系統的時候，他們經常說自己不知道某個地方在哪裡。後來，智能手機變得普遍，每個人都隨時可以使用Waze，就再也不曾聽到別人說自己不知道某個地點了。」我突然從網絡課程的話題跳去導航系統。

「那當然啦，Waze可以引導你去任何地方嘛！──話說回來，你為什麼突然說Waze呢？」

「因為現在的你們，就像以前的人們──你們不知道有什麼內容可做，原因在於你不知道用什麼方法去找到它。」

🔍 日本人的幸福哲學──Ikigai

日本的職場向來以高壓著稱。長時間的工作、辦公室的等級制度、無可避免的交際應酬，都會把上班族壓得喘不過氣。在這樣

的環境下，漸漸發展出了講究生活品質的一派學說：Ikigai。

　　Ikigai是日本人生活中經常使用的詞語。這個詞由兩部分組成：iki是「生命、生活」的意思，gai則是「價值、意義」之意。到底Ikigai具體來說是一種怎樣的概念？我們可以參考以下的圖：

3.1 Ikigai是日本人恆常幸福的人生觀，旨在找到人生價值

　　根據上圖，我們可以看到四個圈圈，分別代表「你熱愛的」、「你擅長的」、「這個世界需要的」和「你能獲得的回報」。而這四個圈圈的重疊之處，就是Ikigai。這說明了，如果我們做的是自己熱愛的事（熱愛），而這件事也是你所擅長的（擅長），並且被這個世界需要（痛點），而你也能從中獲得回報（買單），那麼就體現了Ikigai的核心價值──你的生活有價值，同時也能為你帶來酬勞，這就是最幸福的生活。

創建網絡課程的內容同樣能從Ikigai的概念去構思。讓我來當你的Waze ，用4個步驟幫助你找到自己適合做的內容吧！

(一) 熱愛

創業是一條漫長的路，同時也是一條不歸路。

我們來聊聊戀愛好了！

如果你是個富家千金，每個公子哥兒都不愛，偏偏就愛上了仕你家當司機的窮小子。你們背景懸殊，生活迥異，眼界也大不相同，但這一切也無法阻止兩顆熾熱又相愛的心。可是，相愛容易，相處很難。當你願意紆尊降貴，不顧一切地和窮小子在一起時，才發現生活中殘酷又現實的問題比比皆是。你們都不願意向現實低頭，你們想向大家證明，真愛能抵過一切的風雨，於是你們不斷地磨合、遷就，找到彼此舒適的平衡點……這一路走來，你們恨過、愛過、流過淚、也大聲笑過……

是的，很不簡單。但你們堅持走了下去。到底是什麼力量，在背後支撐了那麼就？

那是愛。

創業和戀愛一樣。如果你想獲得成功，那麼背後必須要有你十分熱愛的某件事物作為驅動力。創建網絡課程也不例外，你要做的內容，必須要是你所熱愛的。只有做自己所熱愛的事情，才能有

源源不絕的驅動力。把自己熱愛的事情傳授給別人時，你的眼睛是會發光的。

你一定聽過各種各類的健康飲料，或健康代餐的推銷吧？這類的銷售團隊，前來推銷或擔當銷售代理的那一位，大多本身也在服用同樣的產品。而絕大多數時候，他們已經從健康飲料或健康代餐中找到自己想要的改變了，例如有些成功減重了、有些改善了便秘問題、有些得到了足夠的精力和營養等等。因此，他們真心喜愛這款產品，並認為它值得被推銷出去，才加入了銷售團隊，一邊花錢購買產品，再一邊銷售產品賺錢。不管你最後有沒有掏錢出來買，總之你一定能感受到，他們在推銷過程中所傾注的那股熱忱。

那是他們所熱愛的事啊！

你熱愛的是什麼？是運動、音樂、烹飪？數學、科學、語文？投資、網賣、創業？先把你所熱愛的事列出來，越詳細越好。接下來，我們就可以進行第二步了。

（二）擅長

「聞道有先後，術業有專攻。」

這句話出自唐代文學家韓愈的《師說》。其意思是，所謂「老師」，就是比你先懂某個道理的人，或是具有某一專長領域的學問的人。由此可見，你要成為某一個領域的老師，這個領域必須要是你擅長的，你才有能力去教導別人。

　　自知之明是一種美德，我們要充分瞭解自己的強項，不斷經營自己熱愛的事物。舉個簡單的例子，我愛看電影，但我不會拍電影，當然也不會寫劇本。我有個朋友很愛唱歌，經常約我們去KTV，但大家都知道，他其實是五音不全的。還有個朋友，她喜歡躲在廚房，又是準備材料，又是煎煮爆炒的，經常研究新菜式，但每一道菜都像是失敗的實驗品。還有，喜歡看書的人很多，但不見得每個讀者都能當作家。

　　這些就是「熱愛」和「擅長」不重疊的例子。而在創建網絡課程的內容時，我們必須找到的，是「熱愛」和「擅長」重疊的事項。

　　我遇過一個學習能力很強的商業課學員，他叫Robert。Robert是個很聰明、很靈活的人，很懂得捉重點，不管學什麼都很快上手。當我們談到創建網絡課程的內容時，他告訴我他想做的是「全能型網上補習課」，對象是一般中學生。

　　「我在求學時代的成績很不錯，是班上的高材生。我認為『讀書』和『考試』是我擅長的事。雖然以前在學校所學過的知識，有很多已經淡忘了，但是我可以重新學習，然後再去教導學生。畢竟網上補習課的市場很大，對吧？」

　　我笑了笑，沒有表示反對。

　　接下來，Robert開始重新學習中學各個科目的課程。近年來的中學課程綱要和多年前的始終有出入，這一番重新學習也確實花了Robert不少工夫。好在Robert的學習能力強，因此總算是「

學有所成」了。Robert開始創建網絡課程,漸漸地學生也多了起來。「全能型網上補習課」運作起來,要著手去做的工作確實不少,Robert的日子也越來越忙了。

大約幾個月後,我們和學員有一項類似驗收成果的見面會,Robert也去了。我發現他不再精神奕奕,臉上沒有了往日的神采飛揚。

「不知怎麼的,我越來越提不起勁去教課。」Robert看起來有點苦惱,「有時在上課途中,會忍不住一直盯著時鐘,希望時間趕快過去,我就可以打卡下班。學生們遇到不明白的地方,我總是容易不耐煩。我覺得自己已經講解得很清楚了,他們幹嘛還要抓著我問個不停呢?網上補習課確實讓我賺取了額外的收入,可是⋯⋯」Robert打住了,說不出個所以然來。

「兄弟,你已經迷失了自己!」我拍拍他的肩膀,「你雖然把補習課的內容學了起來,也做起來了,但是這不是你心底熱愛的事情。你了解市場的需求,看準了時機,也有能力去執行,但是你快樂不起來。現在的你,看起來就像個沒有靈魂的軀殼,因為你在做的並不是你熱愛的事啊!」

Robert擅長學習,不管學習什麼新事物,對他來說都不太是個問題。然而,如果你單純為了創建某個內容,成為某種導師,而去學某一個對你來說不太有「感情基礎」的技能,日後很容易會迷失了方向。沒有了「熱愛」作為支撐,當你走到某個階段時,就會卡在原地,進退兩難。這時,你之前所作的努力,全都會付諸東流,而眼前的路,也會變得茫茫未知。

「熱愛」和「擅長」, 這兩者之間, 缺一不可。

現在, 好好檢視你剛才在紙上所列出的「熱愛事項」——哪些同時是你所擅長的? 哪些是你做起來自信滿滿的? 哪些是你專業得能夠教導學生的?

把它們圈出來。

這就是你要做的內容了!

(三) 痛點

網絡課程的內容終於有了個方向, 恭喜你們!

現在我們要進入更實際的層面了, 也就是你們往後的客戶。無論任何形式的生意, 客戶都是最重要的一環。有的人的商品內容看似普通, 但能吸引大群客戶, 生意蒸蒸日上。有的人能做出品質上佳的產品, 但似乎無法打動客戶的心, 如同隔靴搔癢, 客戶們來來去去的, 因此銷量總是不達預期。

這當中的關鍵原因, 在於客戶的痛點有沒有得到解決。所謂痛點, 即是人們在日常生活中所碰到的問題, 這些事情如果得不到解決, 人們就會特別煩惱、頭疼, 成了「痛點」。因此, 能抓住客戶痛點並提供解決方案的產品, 肯定有市場需求。

例如, 掃地機器人在這幾年來變得十分火紅, 不管什麼品牌的掃地機器人都很多人搶購, 因為掃地機器人能隨時隨地把家裡打

掃乾淨，不但能節省時間和人力，提高工作效率，更能避免一個家庭因家務而引發的紛爭。外賣平台越來越普遍，即使這裡的餐點售價比外面來得高，人們還是願意自掏腰包去點外賣，因為它能解決人們「懶惰出門」、「懶惰煮食」的痛點。

還記得Jacky吧？對了，就是那個「唱K廚師」。

Jacky在經營煮炒攤之前，其實也曾有過一次創業。當年，Jacky躊躇滿志，想經營一家私房菜餐廳。私房菜餐廳的食物必須要承載從「秘密食譜」延伸出的神秘和美味，而且餐廳環境也極其重要。想一想，萬一私房菜餐廳就坐落在普通小販中心的隔壁，用餐的體驗豈不是大打折扣嗎？

然而，當時Jacky只有能力在普通地段租一間小小的店鋪。那裡附近有一個交通轉換站，還有一間大專學院。

Jacky認為，開餐廳最重要的是廚藝。只要廚藝棒，餐廳一定能客似雲來。一個月後，Jacky的私房菜餐廳正式開張了。

雖然夢想很偉大，但現實是很殘酷的。

Jacky的私房菜餐廳一直沒有迎來顧客。後來，他的朋友專門到來捧場，吃過飯後，大家喝了幾杯酒，於是就開始暢談起來。

「Jacky，你這家私房菜不能繼續開下去的。肯定虧損的！」朋友像是夾著醉意，說出了Jacky最不想聽的話。

「為什麼你這麼說？你不也覺得我的廚藝很棒嗎？我做的菜

你都吃光了啊!為什麼不能繼續開下去?」Jacky有點動怒了。

「問題到底在哪裡?我不明白!」

「你想想,這裡人來人往,附近有交通轉換站,經過這裡的人們要不就在趕路,要不就住在附近……哦對了,還有的就是大專學院裡的學生和老師。這些人根本就不是私房菜餐廳的潛在顧客啊!」

Jacky愣了一下,朋友提出了他從沒有考慮過的點。

「不是你的廚藝的問題!是你把餐廳開在這個地點,卻沒辦法滿足這個地點的客人!這才是問題所在啊!」

「其實,把餐廳開在這裡是個不錯的決定,畢竟這裡附近沒有太多的餐廳,市場需求還沒達到飽和。但是,你必須先觀察,這裡的人們有什麼需求?怎樣的餐廳才能解決他們的需求?只有解決到客戶痛點的生意,才能夠長久做下去啊!」

朋友的話很有道理啊!為什麼我之前都沒想過?朋友的話就像一記當頭棒喝,讓Jacky頓時清醒過來。

「你看,這裡有很多轉換地鐵和巴士的人,如果你開的是一家漢堡店,或是珍奶店,生意肯定會好。人們在趕路的時候,肚子餓或口渴是在所難免的,當看到一家提供便攜式餐點的餐廳,他們肯定會被吸引。而且,附近大專學院不是有很多年輕人嗎?這些年輕人還沒有經濟能力,自然吃不起私房菜,那麼你在此地的客源就

少了一大半了。要是你賣的是關東煮,那肯定就能把年輕人的胃抓得緊緊的!」

Jacky後來就把私房菜餐廳關了。據他的說法,這決定就像是及時止血,好讓他不至於把所有積蓄都虧光了。雖然第一次創業就失敗了,但Jacky得到了一個以血淚換回來的教訓:

想要生意長虹,先解決人們的痛點。

在成為創業導師後,我認識了很多優秀的企業家兼創業家,他們來自各行各業,都在利用網絡的便利來各顯神通,其中Samantha是當中的佼佼者。

Samantha經營的是一家塑料模具工廠。她年紀輕輕就從父親那裡接手管理一家工廠,面對著工廠上上下下的老臣子們,再加上塑料生產作為一種日漸式微的傳統行業,Samantha一開始確實面臨著「內憂外患」的挑戰。一路走來,Samantha總算是關關難過關關過,然而一場突如其來的疫情,把她好不容易建立起來的秩序再次打亂了。

「塑料生產屬於傳統企業,客戶們向來傾向於親自上門,這裡逛逛工廠,那裡看看機器,再親手摸摸生產樣板,這樣才足以讓客戶和我們建立起信任,隨後才下單。」Samantha在我們的商業分享會上娓娓道來,「當時疫情來襲,全球各地都實施了封城措施,客戶們都無法上門了。然而,市場需求仍然存在,但客戶卻苦於無法上門,而遲遲沒法下單,使我們的生意一度陷入膠著的情況。我

意識到這是客戶們的痛點,於是一個點子在我心中亮起了!」

「我利用了網絡virtual　tour和速遞服務的便利,讓客戶線上瀏覽工廠,再把樣本速遞至客戶手中。」Samantha眼睛發亮,「而事實證明,這方法真的行得通!多虧這樣,我們的工廠在疫情期間才得以屹立不倒!」

Samantha為什麼能成功保住塑料廠?因為她成功解決了客戶的痛點!

生活在這世界上的人們,都很不容易。他們總面對著各種各樣的問題。因此,要是你能解決他們的問題,哪怕在解決問題後要他們付出相應的代價——比如錢,他們也一樣願意。要掌握人們的痛點,你必須善於觀察,懂得共情,把自己放進不同的情景,去想像人們所需要的東西和服務。

而網絡課程當然也不例外。想一想,你的課程內容能如何幫助人們?它能解決人們普遍「錢不夠用」的煩惱?它能解決父母對孩子課業的操心?它能幫助人們甩掉多餘的贅肉,變成型男女神?當你了解人們的痛點,準確地切入,為人們解決心中懸而未決的煩惱,你的課程肯定會受到大家的垂青!

也許你會問:「Jacky後來怎麼了呢?」

Jacky重新出發後,就到了一個社區的小販中心經營煮炒攤。他發現附近有一座辦公樓,來來往往的大多都是上班族。他知道上班族的生活模式都是久坐不起,很少時間運動,也沒有時間自己

準備少油少鹽的便當，卻又糾結於節節上升的體重。於是，Jacky主打健康午餐，經營了一個煮炒攤，生意一度火紅得很呢！

(四) 買單

如今，你的網絡課程有了內容，有了目標客群，最後一步終於來到大家最關心的環節———有人願意簽訂我的課程嗎？人們願意掏錢來當我的學生嗎？

前面的章節有提過，不管是任何模式的生意或銷售，對「人性的掌握」都有一定的要求。要吸引客戶，就要共情客戶的痛點，並以你的產品來解決他們的痛點。

然而，有沒有一種可能是：你掌握了客戶的痛點，同時你也告訴他們，你的產品能解決這個痛點，但卻沒有人願意買下你的產品？

這種可能性確實存在，而且就發生在我的身上。

當年的我還是個國中老師，正開始摸索如何網上創建課程，以賺取更多收入。由於職業的關係，我經常和中學生打交道。中學生正值叛逆期，性格和思想逐漸成型，但是脾氣和情緒又很暴衝，所以經常和父母發生衝突。面對中學生時，我經常會放下身段來傾聽他們的心聲。我漸漸發現，學生們遇到問題時，都會選擇來向我傾訴；同時，不管我對學生有何要求，他們總願意去做。我甚至偷偷觀察其他老師和學生們的相處，要麼是冷若冰霜，要麼是劍拔弩張。

我自有一套與青少年溝通的方法,讓他們對我放下戒心,也更願意親近我——為何我不以「青少年親子教育」為內容,去創建一套網絡課程呢?

我開始到各大書局去,想看看到底有沒有這一類的書籍。我發現書局裡親子教育類的書籍,全都針對0-12歲的孩子。至於針對13歲以上青少年的,幾乎一本也沒有。

「這次我真的能創業了!市面上竟然沒有人在做青少年親子教育!我將會是主打青少年親子教育的第一人!」

到了今天,我還清楚記得內心的狂喜。我似乎已經看到了課程銷售爆單、自己站在講台上演講、《青少年親子教育》的封面上印著我大大的頭像,放在書局裡「暢銷排行榜」的架子上……

然而,我的網絡課程銷量卻掛蛋了。是的,銷售量為零。沒有一個人來簽訂我的課程。

現在回想起來,這段經歷可說為我上了一堂課。當時的我躊躇滿志,一心想要往前衝,卻沒仔細去想書局裡沒有青少年親子教育書籍的原因——書局的銷售部經過市場調查,知道這一類的書在本地沒有市場,自然就不會引進了啊。我憑什麼認為自己的神機妙算比書局的銷售部還厲害呢?

這種情況有點像文藝電影。很多文藝電影奪得了最佳影片大獎、最佳導演大獎,票房卻十分慘淡。既然這些文藝電影的內容那麼好,為什麼還無法吸引觀眾呢?也許是電影內容太深奧,觀眾都

看不太懂；也許電影內容太遠離現實生活，無法引起觀眾共鳴；也許觀眾更願意花錢去看嘻嘻哈哈的喜劇，而不願浪費金錢在難懂的文藝電影上……簡單來說，文藝電影不是不好，而是它無法吸引人們買票進場去欣賞。它無法打動人們，讓人覺得這電影非看不可。

叫好不叫座，就是這麼一回事。

沒有人希望自己的產品叫好不叫座。一個產品會叫好不叫座，只因為它沒辦法打動人們。它沒辦法讓人相信，自己是迫切地需要它。也許你要開始著急了，到底要怎麼做才能說服人們掏錢買單？

這當中有一個魔法：只要說，你的產品能讓人們變得更富有、更健康、更討人喜歡，這產品就一定能讓人買單。

是的，不要懷疑。不管你賣的是什麼，只要說這能讓大家更富有、更健康、更討人喜歡，就可以了。

接下來，讓我來告訴你，如何使用這個魔法來讓人們掏錢買單吧！

🔍 買單魔法：三大主題

古今中外，人們都為了更好的生活品質在不斷努力。在古代，人們努力耕種，希望收成豐富，便可以賺取生活費；在現代，人們在

上班之餘，辛辛苦苦經營副業，為的當然還是賺錢更多的錢，以期達到財務自由，換取無憂的生活。在追求生活品質的路程中，人們總會遇到各種各樣的問題，這些問題往往阻撓他們往更好的生活發展。總結起來，世界上的人們會面對的問題，只有三種：財富（更富有）、健康（更健康）、人際關係（更討人喜歡）。

聰明的你一定發現了，這三種問題，和我剛剛說的魔法不謀而合。

（一）財富

我們都在想辦法讓自己的生活變得更舒適，這當中肯定少不了錢。一個人要有雄厚的財富，才能過上看起來毫不費力，又優渥無比的日子。

然而，財富從來都得來不易。有些人含著金鑰匙出生，贏在了起跑點，累積財富當然變得水到渠成。有些人出身平凡，再加上萬物騰貴、通貨膨脹，財務自由的路越走越遙遠。於是，「財富」就成了普羅大眾的痛點。

換句話說，只要你的課程內容能讓大家創造財富、累積財富，一定能夠迅速打動人心。

(二) 健康

人都是貪心的動物，而且往往在失去之後，才後悔當初不懂得珍惜。

在我們沒有財富的時候，也許我們有著健康的體魄，可是我們從來都不把健康當一回事；在我們有了財富之後，卻發現失去了健康，即使可以用財富再買回健康，也多少有「回頭太難」的感嘆。

雖然生老病死是大自然的規律，但有誰不想優雅地老去、瀟灑地揮別這世界呢？因此，除了財富以外，「健康」成了人們最普遍的痛點。

抓到我的重點了吧？是的，只要你的課程內容能讓大家擁有健康，肯定有人願意買單。

(三) 人際關係

問世間情為何物？直叫人生死相隨！

沒錯，人還是感情的動物。世界之大，人類的煩惱多而繁雜，其中一大宗絕對是感情問題。當然，這裡說的「感情」十分廣義，無論是男歡女愛、夫妻關係、家庭親子、朋友同儕、同事夥伴等，當中都包含親密度不一的感情。

這關乎人和人之間的關係：有的人天生討人喜歡，人緣很好，

到哪裡都能一帆風順; 有的人難以親近, 不知怎麼的總找不到和別人好好相處的方法, 在職場上處處碰壁⋯⋯

如果可以選擇, 我相信人人都希望自己和別人的關係能再好一點, 誰願意經常和別人鬧彆扭、氣噗噗呢? 要不然, 為什麼《十大簡易溝通技巧》、《人際與社交成功學》、《男人來自火星, 女人來自金星》一類的書籍會經常登上暢銷排行榜呢?

聰明的你一定知道, 只要你的課程內容能成為各種人際關係的潤滑劑, 勢必能獲得千萬訂閱。

🔍 課程內容如何連接主題?

世界上的三大主題, 是人們普遍痛點的根源。如果我們的網絡課程能和三大主題連接起來, 並想出一個響噹噹的名號, 你的課程頓時就會變得身價不凡。也許你會不置可否: 我不教投資、不教健身, 也不教親子教育, 我如何能把自己的課程連接到財富、健康或人際關係呢?

還記得Freddy嗎? 他在第一章裡粉墨登場, 是個吸金千萬的裝修師傅。當他開始做網絡課程時, 曾經老老實實地製作影片介紹馬桶的種類、門框的安裝等, 但被吸引的粉絲不多。後來, 我幫他把課程內容作了一次連接, 把他的身份定位在「房地產升值專家」, 一周後, 他的粉絲量馬上暴增十倍之多。

為什麼Freddy能突然圈粉無數？關鍵就在於「房地產升值專家」這個名號——它正正和「財富」有連接。誰不想自己的房子能升值？這個導師能幫助我們的房價提升！房地產升值後，我們可以用來投資，可以出租賺取租金、也可以作為Airbnb……這不就是「財富」嗎？

　　只要訂閱Freddy的课程，就能創造財富——這就是人們看到Freddy的「頭銜」時，大腦所折射出的畫面。這樣的畫面，任誰都會心動。也許有的人抱著好奇的心態來簽訂、也許有人直奔「升值」而簽訂、也許有人想更了解房地產的銷售……總之，「房地產升值專家」這個名號，承載了以「財富、價值、房地產、投資」為關鍵字的內涵，成功吸引了人們。

　　這只不過是其中一個連接主題成功的例子。

　　Ganesh是個語言天分奇高的印度人。他是個教中文的老師。我在上商業輔導課時，他和我正是以中文溝通。要是不看他的樣子，我還真的以為我在和華人說話呢！

　　「Chris，你說我們要把課程的內容和三大主題連接起來……具體的連接方式是什麼？我教的是中文，感覺很難和三大主題連接起來啊！」

　　「根據我的經驗，能和『健康』做連接的課程內容，通常比較顯而易見。如果無法和『健康』做連接，那就朝著『財富』和『人際關係』去尋找連接的脈絡。而且……」我停頓了一下，然後繼續說，「幾乎大部分的內容，都能'財富'順利連接起來。」

「你說得有道理!Chris,你的創業課程也是以『創造財富』為主題,才吸引了那麼多想要生財有道的學員啊!」Ganesh拍著桌子笑了。

Ganesh開始往「財富」的方向去做連接。我要學員們在做主題連接時,把各項資料列在表內。以下是Ganesh的列表:

產品 / 課程	中文課
客戶痛點	■ 中國在國際舞台勢力愈發強人, 但無法掌握中文 ■ 中國企業與各國企業對接, 但無法掌握中文 ■ 中國有望成為世界第一大消費市場, 但無法掌握中文 ■ 人們普遍認為中國即將超越美國, 但無法掌握中文
如何解決痛點	■ 學習中文
買單的原因	■ 與中國企業對接, 創造無限可能, 開拓龐大市場

顯而易見的,Ganesh把教導中文的課程內容和「財富」連接起來。「學習中文」在Ganesh的連接之下,搖身一變成了致富的門檻。

「在這樣的大環境下,你還能不學中文嗎?」Ganesh在課堂上呈現的時候,帶著豐富的表情和肢體動作說出了這一句話。他給自己想了一個名號:「賺取未來的語言導師」。

「賺取」很容易讓人們聯想到「財富」,而「未來」並沒有具體說明是怎樣的「未來」,連接上下文後,很容易讓人們產生「未來財富可期」的成功感。這樣的連接十分出色!

「很好！」我嘉許地為Ganesh鼓掌，衷心地祝福他，「希望你能引來第一個流量高峰！」

再和大家分享另一個案例。

在商業輔導課堂上，Billy經營的生意可說是相當棘手的創業案例。他賣的是似乎難登大雅之堂的日用品———垃圾袋。

「我賣垃圾袋已經很多年了，形形色色的垃圾袋，大的、小的、黑色的、綠色的、藍色的、工業用途的、居家用途的、辦公室用途的……我都在賣。」

Billy一口氣介紹了自己的生意，然後嘆了一口氣。大家都繼續等著他的發言。

「雖然垃圾袋是每家每戶都需要的日用品，但是恰恰因為它太普通了，我實在找不到一個漂亮的名號來提升它的價值。人們不會因為任何垃圾袋的品牌而非買不可，他們只會到最靠近的商店購買，或者最順路的地方購買……對了，他們還經常會買最便宜的。」

Billy的語氣透露著無奈。日用品經常需要削價競爭，這家扣了5%，那家就必須扣10%；這家買垃圾袋送牆壁掛勾，那家買垃圾袋就得送垃圾袋收納盒。如此一來，消費者自然樂呵呵，但商家則有苦自知了。

我想了一下，問道：「Billy，你這麼多款垃圾袋，你認為哪一款最好用？」

「有一款垃圾袋的材質特別厚。有時,我們把有尖尖角角的垃圾丟進垃圾袋時,垃圾袋不免會被刺破,裡頭的垃圾掉出來就麻煩了。有些垃圾袋還容易滲油,把廚餘弄得滿地都是,那就真的很頭痛了。我說的這款垃圾袋就不會有這種問題,它非常耐用,而且還附束繩,容易提起,也容易綁起來。有不過這款垃圾袋銷路不太好。」

相信大家都知道當中的原因吧!「因為這款垃圾袋比較貴啊!人們根本看也不看它啊!」

「Billy,也許這款垃圾袋能成為你連接三大主題的切入點哦!」我靈光一閃。

我為Billy想出一個文案的呈現方式 :

產品 / 課程	厚材質垃圾袋
客戶痛點	▪ 垃圾袋易破, 髒水流滿地, 難以處理 ▪ 垃圾袋撐重力不強, 容易破損 ▪ 垃圾袋口難以綁起, 異味容易飄出, 也會弄髒手 ▪ 垃圾袋容易滲油, 廚餘渣滓會留在垃圾桶底部, 造成惡臭, 還會滋生蛆蟲。
如何解決痛點	▪ 垃圾袋特厚的材質, 不易破損, 不會漏水, 也不會滲油。 ▪ 垃圾袋能撐起的重量高達15公斤。 ▪ 垃圾袋附有束繩, 易綁易提。
買單的原因	▪ 節省時間和力氣 (無須另外清理漏出的髒水和渣滓) ▪ 避免家庭糾紛 (不必為了清理垃圾而發生不愉快)

「Billy，你認為這文案怎麼樣？還可行嗎？」

「Chris，你真不愧是創業大師啊！我從沒想過垃圾袋也能這樣宣傳！」

我們順利將垃圾袋的銷售和「人際關係」連接了起來，讓人們覺得只要買了這款垃圾袋，就能免去和家人產生不必要又瑣碎的紛爭。用起來省事省時省力的垃圾袋，讓你有更多時間和家人好好相處！只需多花幾塊錢，就能讓家人關係變得融洽，這錢怎麼看也值得花！

當然，我們還得為這款垃圾袋想個身價不凡的名稱。

我們把它稱為「Bulletproof trash bag」，中文就是「防彈垃圾袋」。

猜一猜，Billy的生意額有怎麼樣的變化？

他的業績在第一個月就翻了10倍，生意額從1千暴增至1萬。

這就是買單魔法的魅力所在！只要掌握了主題連接的秘訣，再使用列表清楚列出客戶的痛點、解決痛點的方法和客戶買單的原因，就能在短時間為你的網絡課程或宣傳網頁提高身價。接著，再延伸想出一個響噹噹的名號，你就會發現，圈粉行動已經悄悄上演了。

今天就開始想想，你的網絡課程內容能如何連接三大主題吧！

如何延伸個人風格和特色?

連接上三大主題後,我們開始可以下手製作課程的影片了。然而,許多學員來到這一步時,會突然卻步,會突然多出很多憂慮。其中最常見的就是:

「我做的課程內容真的能行嗎?我覺得很多人也在做一樣的內容啊!真的不需要想另外一些比較新奇的內容嗎?」

前面的章節說過,不管是什麼形式的產品,內容相似不是大問題,重要的事做出「差異性」。建立個人品牌要講求「差異性」,這當中自然包括了個人的風格和特色,而且在創建網絡課程時顯得更為重要。這一章節,我們來具體談談,在網絡課程的影片中,或是在線上授課的視頻裡,如何能延伸個人的風格和特色。

每個人都有不同的性格和特質。前面我們已經了解建立個人品牌的「三部曲」:

一、3個關鍵詞;
二、品牌背後的故事;
三、不推銷,建情感。

我還沒告訴你的是,當品牌建立起來以後,並不是馬上就完事了。你必須處處在不同的細節裡,把你的特質一點一點滲透進去,反復地衝擊著人們的感官,個人品牌的力量才能延續不斷。

個人品牌和個人特質脫離不了關係。蘋果公司的聯合創辦人——喬布斯（Steve Jobs）極富個人魅力，特立獨行，引領智能手機市場和設計的走向。他十年如一的黑色圓領衣和牛仔褲，正好和蘋果極簡設計的理念不謀而合。

我不知道喬布斯本人是不是真的只喜歡黑色和牛仔褲，但我相信，每一次的新產品發布會，喬布斯是為了塑造個人風格，並希望將蘋果的「極簡風」潛移默化地植入大眾的腦袋裡，才穿上那套不變的「戰衣」。

喬布斯逝世10年了，但只要上網搜索一下，基本上看到的都是他穿著黑色圓領衣和牛仔褲的照片，站著或坐著，眼神銳利。有一天，你想要為自己添購新衣，想要走走極簡風，你會脫口而出地說：「我要買像喬布斯那樣的衣服。」

為什麼你會下意識地說出這句話？

因為喬布斯已經在一點一滴，把企業和個人的特質植入你的腦袋裡，以至有一天，你在潛意識裡已經認同：

黑色 + 牛仔褲 = 喬布斯

個人風格就是這麼一回事。

由此可見，要好好延續個人品牌的魅力和力量，就必須花些工夫在細節上。當我們製作影片之前，先別急著架手機或打燈光，而是先想想，我想給別人怎麼樣的感覺？我可以通過怎麼樣的設置，

去突顯我的個人特質?以什麼地方做背景,更有利於塑造個人品牌?你甚至可以向喬布斯偷師,在服裝的顏色上設下有代表性的風格,或是戴著某個小小的飾品……這些細節的設置看似無傷大雅,但卻能起到類似「置入性廣告」的效果。

除了能幫助建立個人品牌和風格,這一類的設置還能吸引相同頻率的客戶。市面上的網課內容,雷同的有很多,因此我們必須「同中求異」,做出「差異性」,這些差異未必是來自內容本身,而是包裝、形式、風格、特色等。

例如,對一般的消費者來說,A咖啡店的拿鐵,和B咖啡店的拿鐵,味道也許差不多,但B咖啡店使用了精美的陶瓷杯,還在咖啡拉花上下心思,畫上不同的人物和動物,便馬上顯示出其中的差異性了。喜歡可愛裝飾品的女生也許會想到B咖啡店去,帶著孩子的父母也可能會光顧B咖啡店,喜歡嚐鮮的青年男女也曾去一探究竟……比起沒有特色的A咖啡店,B咖啡店無疑吸引了更多顧客,其中一部分的顧客由於頻率相近(喜歡可愛拉花的、喜歡美術創意的)還可能因此成為常客呢!

當我還在校園裡工作時,曾經聽到學生們興致勃勃地在討論某個補習班的老師,教的科目是數學。大家一邊說一邊笑,從他們談話的內容看來,這應該是一位很受歡迎的老師。

「這位數學老師到底有什麼特別?我看你們還蠻喜歡他的啊!」我問。

「他很厲害啊！第一天進班，你知道他怎麼做自我介紹？他在黑板上畫了文氏圖（Venn diagram，一種用來表示集合與關係的數學圖解），然後在圖裡標示出自己擅長的事項、喜好等等！超酷的啊！」

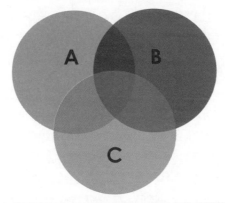

3.2 文氏圖用於展示不同事物群組之間的數學或邏輯關係

文氏圖

「有一次我們上幾何課，要學圓周率、半徑和直徑什麼的，他竟然徒手在白板上畫出一個完美的圓！後來他要我們出來畫，結果大家畫得歪歪斜斜的，像甜甜圈又像梨子，大家那堂課都笑瘋了！」

「他講課的時候也很生動，幾乎每演算一個步驟，都有一句獨

門的口訣。雖然我們有時會笑他很囉嗦,但多虧了他的口訣,我們在考試時才能順利寫出所有的演算步驟。就連在考場上,他的獨門口訣都言猶在耳啊!」

學生們七嘴八舌地在為我介紹這個數學老師。其實,我一直都沒見過本尊,但他鮮明的形象和特質,卻讓我記住了他。從學生們的反應,我知道了這名數學老師受歡迎的原因———他就是和其他數學老師不一樣。沒錯,這就是我們所說的「差異性」。青少年的學習生涯充滿壓力,偶爾也有些苦悶,誰不想上一堂幽默又痛快的課呢?於是,這位幽默生動又不失酷勁的老師,他的特質正好填滿了青少年們的需求,所以補習班一直都是爆滿的。

市面上的補習班何其多,數學老師也比比皆是。為什麼唯獨這位老師獲得大家的青睞呢?因為他成功把個人風格延伸到內容當中,顯出「差異性」,建立起了個人品牌!

看到了嗎?我們不必成為創建某種內容的「第一人」,但要成為「最特別」的!

🔍 被抄襲了怎麼辦?

創業者們最擔心的其中一件事,莫過於是:被抄襲了怎麼辦?

盜版和山寨,是無論在哪個領域都存在的事。從夜市裡賣的山寨運動鞋,到購物網站賣的仿名牌包,還有一大堆衣服、手錶、

手機、電器等等，既氾濫又普遍，實在不足為奇。電子遊戲界的龍頭老大———任天堂遊戲公司，多年來也一直面對大大小小的抄襲事件。嚴重侵權的，這家強而有力的大公司自然會以律師函伺候；其他的殺傷力不大的抄襲者，任天堂公司也懶得理會了。

連任天堂這麼大的企業，都會面對抄襲問題，這說明了什麼？

抄襲是很有可能發生的事，而且是防不勝防的。

我的建議是，我們要訓練自己的心臟變得強大，不要花多餘的心思去提防抄襲者。網絡世界無邊無界，而為了吸引更多粉絲，網絡課程更要在各個社交媒體上曝光，難道我們能在自身的社交媒體賬號上掛個大鎖嗎？這根本是不可能的事。

我們換個方向來思考「抄襲」這件事吧！為什麼人們要抄襲我們呢？這說明了以下兩件事：

（一）你的課程內容具有很大的潛能，簡單來說是個「賺錢的項目」，因此競爭者比較多。

（二）你的品牌、內容、個人風格等受到了別人的認可，於是他們抄襲你，想從你身上「分一杯羹」。

不管是哪個原因，別人抄襲你，都在在嘉許了你的成就，讓你知道自己走在一條光明的創業道路上。於是，我們要改變心態，讓「抄襲」這件事變成對自家的宣傳，變成一種行銷的管道，對抄襲者反將一軍。

　　我的創業團隊裡,有一位成員曾經受邀到中國去演講。那次的活動同時邀請了《窮爸爸,富爸爸》的作者——羅伯特 · 清崎(Robert Kiyosaki)。羅伯特是赫赫有名的人物,因此主辦單位在活動場地上擺滿了《窮爸爸,富爸爸》,在主辦講座會之餘,也順便大力宣傳這本著作。

　　當羅伯特‧清崎來到現場時,他走上前去翻了翻自己的著作,突然就變得漲紅了臉,紅到了脖子上‧

　　「為什麼你們把盜版書放在這裡擺賣?這對我來說是十分無禮的!你們太不尊重我了!」羅伯特生氣地對現場的工作人員說道。

　　工作人員讓經理出來見羅伯特。只見這個經理先賠不是,按著挨著羅伯特的肩膀說:「我們放盜版書其實也是為了你的行銷策略。你想一想,如果我們放盜版書,打著便宜的價錢,就能吸引更多的人群。人們進來了,你就可以銷售其他更有價值的產品。如果我們擺賣正版書,人們肯定不會進來了,因為他們被正版書的價錢嚇跑了。」

　　這和行銷的策略是一樣的——先吸引人們到來,然後再銷售產品。雖然羅伯特 · 清崎失去了部分的版稅,但是這小小的損失為他帶來的,卻是巨大的客戶群。這和新店鋪開張時所推出的各種優惠活動一樣。有些餐廳新開張時,除了會到處派傳單進行宣傳,還會舉辦試吃會,歡迎大家前來試吃;或是舉辦「三小時內全場免費」之類的活動——難道老闆們都不怕虧損嗎?老闆們自然怕虧

損了，但是這種活動帶來的不是虧損，老闆們看到的是背後的人潮，這才是他們主要的目的啊！

網絡課程也一樣能效仿新餐廳的策略。你可以把網絡課程當成一種銷售的管道，在裡頭售賣和課程內容有關的產品，比如說你創建的是健身課程，那麼就在課程裡銷售你大力推薦的運動表，或是好用的瑜伽墊等等。一旦抄襲者出現了，他就像個免費的廣告宣傳機，不斷地幫你廣傳你的網絡課程，把網絡課程的觸及層面變得更廣，那麼你在網絡課程裡面所作的銷售，不也一樣會成長嗎？這麼想來，抄襲對你來說還能為你賺進一筆錢呢！

世界上很多大品牌，如Nike、Adidas、Louis Vuitton、Chanel等一樣面對排山倒海的山寨版。但這些品牌卻鮮少去對付這些抄襲者，反而只專注在自己品牌的經營。既然抄襲者防不勝防，與其花時間和他們玩貓捉老鼠的遊戲，倒不如集中精神在擦亮自己的招牌，或是生產更多的內容，這不是更好嗎？而且，抄襲者橫行天下，山寨版處處充斥市場，這也是一種免費的宣傳，讓人們知道這些品牌的存在。同時，抄襲者還能幫忙挑出不合適的客戶，留下認同你的品牌理念，並心甘情願掏錢的忠實客戶，這也是一件好事呢！

路不轉，人轉；人不轉，心轉。只要改變了心態，從另一個角度來看待抄襲，就會發現那也許不見得是一件壞事。

願你們從此在創業路上穩健前行，大放異彩！

第四章

工欲善其事, 必先利其器:
快速建立粉絲的Amplify

穿越是近年來很紅的電影題材，相信大家都有看過吧！

這一章開始之前，我們來聊穿越！

古代農民如果穿越時空來到現代，並把犁田機帶了回去，他的收成肯定翻幾倍，說不定會成為最大的米商，搖身一變成為達官貴人。

80年代的出租車司機如果穿越時空來到現代，帶回一台下載了Waze的手機，他就能省下執業以來花在迷路的時間，並把這些時間用來載客，收入變多，就能給家人更好的生活了。

這兩個穿越的情景說明了，只要用上了好工具，就能省時省力，甚至可創造無限的可能。

這樣道理淺顯易懂，連小孩也明白。

我有個朋友，小孩一直吵著要買新手機、新電腦。

「為什麼要買新手機和新電腦呢？你不是已經有了嗎？」朋友問。

「新手機和新電腦比較不會卡頓，打遊戲才能順暢，我才能登上冠軍寶座啊！」

這就是「工欲善其事，必先利其器」的道理。人們常說金錢就是王道，我倒認為時間才是王道。

我曾和我父親爭論過「時間」和「金錢」的課題。當時，我告

訴父親說，我們能用錢來買時間。父親非常不認同，他說：「怎麼可能？你沒聽過『寸金難買寸光陰』嗎？」我解釋說：「不！事實上是『寸金可買寸光陰』。我們無法用錢買已經過去的時間，但卻可以用錢買下未來的時間。」

可不是嗎？如果今天你要到機場去，你不想在這段路程中花任何一分錢，於是你選擇走路，但你得花上兩小時才會到達目的地；如果你願意付幾塊錢來搭乘公共交通，你也許花上一小時就能到達目的地；如果你肯再多付幾十塊來坐電召車，你就能在半小時內到達機場，但則必須多花等待電召車來到的時間。最直接的，就是自己買一部車子，你只要拿了鑰匙就能出發了，而想當然而這就需要花一大筆錢才能做到了。這當中的道理是：花越多的錢，就能得到越好的交通工具，同時也能省下更多時間——這不就和「買未來的時間」有一樣的概念嗎？而這省下的時間，我們就能加以運用，做其他更有意義的事。

因此，好的工具能讓你做起事來事半功倍，省下的時間，要么用來和家人共享天倫，要么用來再創事業高峰。

身為內容創建者的我們，創建網絡課程內容、拍影片、剪輯影片、寫文案……要做的工作可不少。我們該準備哪些好工具呢？

附有四個攝像頭的手機？能照出你的蘋果肌的蘋果燈？能夠良好收音的麥克風？還是穩定不易掉的三腳架？

都不是。

你需要的是Amplify！

Q 從GaryVee說起

在正式介紹Amplify之前，先讓我談談Amplify誕生的契機吧。

來到我的商業輔導課的學員們，基本上都具備兩個相同的特點：第一，他們都想通過創業來賺取更好的收入；第二，他們都渴望被人們看見。他們對網絡都不陌生，經常滑看面子書或Instagram，也經常看抖音或YouTube。

相信在讀著這本書的你也不例外。也許你經常看到創業大師們在影片中侃侃而談，聊著自己的創業契機，談談自己如何打造品牌，又或是分享自己企業的內容……那麼，你一定聽過GaryVee的大名吧！

GaryVee是一位備受大眾追捧的演說家，也是紐約時報暢銷書作家，同時也是VaynerMedia媒體公司的首席執行官。在90年代後期，GaryVee準確地抓住了「互聯網」作為墊腳石，連續五年從不間斷地為父親經營的酒類商店製作影片並於網上發布，使生意額呈現爆炸性的增長，成功將傳統商店的生意模式，轉換成電子商務平台。

GaryVee無疑十分成功，他在一天內所能製作的內容高達90條。這是多麼驚人的數字！每個人一天只擁有24小時，GaryVee是如何能在一天之內就做出90條影片內容呢？

我認為當中的關鍵,就在於如何把一支影片,分裝成不同的內容,然後再廣泛發布到各大社交媒體上。這道理就像我們煮了一大鍋炒飯,然後把它分裝在很多飯盒裡,再把每一盒炒飯銷售出去,就能賺取豐厚的利潤一樣。我們付出一次努力去拍攝影片,然後快速分裝成不同格式、主題、模式的內容,再以同樣的速度發布到不同的社交媒體上,吸引成千上萬的瀏覽次數⋯⋯

鏗鏘!盈利模式很快就開啟了!

這就是我們研發Amplify的起心動念。

Amplify是什麼?

Amplify是我和團隊研發出來的一款雲端軟體,是幫助創建內容的一站式平台。

創建網絡課程的內容,一點也不容易。打著「一人創業」的口號,在製作內容時既要當幕前的主角、幕後的剪輯師,還要當拍攝時的導演、準備拍攝前的編劇,成品出來後還要兼職當觀看流量數據分析員⋯⋯光是想像就有點頭大了。根據我的經驗,在影片拍攝完成後,光是剪輯就至少要花一至兩小時,如果要上字幕,那又得再花上一至兩小時。

總體計算,製作一條影片至少要花上六小時,要是在不熟悉操作的情況下,也許還得花上更久的時間。我經常說在創建網課內

容的初期，要以「數量」取勝──照這樣的統計看來，就算在一天裡不吃不喝不睡，頂多也只能製作四支影片──花在製作影片的時間簡直就是超昂貴的成本啊！

內容創建者們迫切需要一種工具，讓他們能以更短的時間，製作出質量更好的內容。在這樣的需求之下，促使了我們研發出了Amplify。

 軟件特點

顧名思義，Amplify意即「擴大」，完美地點出了這款雲端軟體的功能。它能讓影片自動完成一系列的操作，讓我們省時省力，在短時間就能完成影片製作。既然是一款方便眾多內容創建者們的「利器」，Amplify的操作方式十分簡易：只要將你拍攝的影片上載到Amplify，並利用相應的功能去優化影片，甚至還能將影片檔案轉換成文字檔、語音檔和圖檔，最後即能發布到網絡上──而這一切只在一鍵之間就可輕易完成。

Amplify首頁

現在，讓我們來看看Amplify能如何「擴大」我們的內容：

(一) 規格與尺寸

不同的社交媒體有不一樣的影片承載規格與尺寸，如YouTube影片的尺寸為16:9，Instagram的影片尺寸則為1:1等。無論你用什麼手機或器材來拍攝，上載到Amplify後，只要選取相應的影片尺寸，即能馬上符合各大社交媒體所承載的影片規格，十分方便。

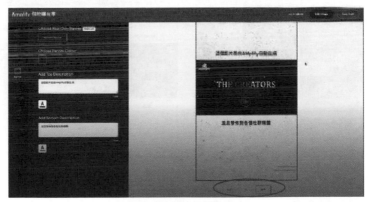

可點選的影片規格與尺寸

(二) 橫幅顏色與設計

要製作出吸睛的影片，設計和顏色當然也佔了重要的部分。Amplify可讓我們選取想要的橫幅顏色或設計，並打上相關

的標題，輕易地營造出不同感覺的影片。此外，你也可以自行為Amplify商標更換顏色。顏色對個人品牌和商標有著關鍵性的作用。麥當勞在每一支廣告中都會讓紅色和黃色登場，那是因為紅黃是它的商標顏色，是一種品牌的特徵。日子一久，只要人們看見紅黃色，便會自然想起麥當勞。顏色對個人品牌的重要性，在這裡可見一斑。如果你的影片需要根據自家的品牌，或不同的社交媒體來決定設計走向，這一功能無疑能讓你輕易地做出不同的效果，可說是事半功倍。

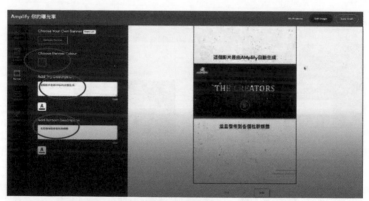

橫幅的標題與設計

(三) 影片字幕

為了更清楚地傳達內容，你可能會想要在影片上附加字幕。附加字幕看似簡單，但實際操作起來卻相當費時。Amplify能讓你輕鬆完成這項作業。只要點把影片上載到Amplify，Amplify會自動幫你生成字幕，除此之外，它還會幫你翻譯你的字幕 。

　　如此一來,任何人想要打開走向國際的大門,都不是一個問題。

影片字幕

(四) 內容格式的轉換

　　以目前的情況來說,網絡課程內容的格式大致只有四種:影片檔、語音檔、文字檔和圖檔。在不同的社交媒體上,網絡課程的內容格式也許要做出相應的轉換。例如近年來很火紅的Podcast,當我們想把影片檔的課程內容發布在Podcast上,就必須把影片檔轉換成語音檔——有了Amplify,就能輕易把影片檔轉換成語音檔,你能省 下大量的時間,不費吹灰地從影片轉換成語音。

　　不僅如此,圖片、文章也都可以一鍵導出,做好了一個影片,就等於做出了超過10個內容,讓你可以發表在所有適合的社群媒體,你的曝光率一下子就增加了數倍。

內容格式的轉換

(五) Video Highlights

　　內容創建者們都知道，在拍攝影片時，其中一項最難拿捏的就是影片的長度。太長，觀眾容易感到悶；太短，又似乎無法把內容做好。Amplify裡正好提供了一項稱為「Video Highlights」的功能，能把長長的影片，分段落剪輯成不同的短影片。你可以根據影片的內容，輕易把精華片段剪輯出來，再根據需求把這些短影片的格式再次進行轉換，然後一鍵發布在不同的平台上。

內容格式的轉換Video Highlights

(六) Quote Cards

古今中外,名人總會留下名言。這些名言不僅對世人起了規勸、激勵、警戒等作用,更是樹立個人品牌的法寶。在你的網絡課程裡,如果有那麼一句話能表現出你的特質,或是有激勵人心的作用,只要點選影片裡的這一句話,Amplify就能自動生成文字,然後截圖或上載你的照片,再點選你要的設計模板,一張Quote Card就完成了。Quote Card就像是你在網上發布的名片,上面有著你的照片、你說的名言,承載著你的特質和DNA,絕對能在短時間把個人品牌建立起來。

Quote Cards就是你的個人品牌

(七) Teleprompter

不是每個人都是天生的演說家。在面對大眾或鏡頭時,有時難免感到緊張,或是大腦突然一片空白,要講的話到了嘴邊就消失了。Amplify裡的Teleprompter完美地解決了這個煩惱———你可以預先把文稿輸入,在正式錄影時,文稿的字幕就會慢慢滾動,並展示在鏡頭的下方。你只需要盯著鏡頭,就能看到文稿,再也不必擔心脫稿的問題了。

Teleprompter讓你不再吃螺絲

(八) 一鍵發布, 擴大觸及面

Amplify能和多個主要社交媒體連接，如Facebook、Instagram、YouTube等，當你的內容完成了之後，只需按下一個鍵，便能同步發布到這些社交媒體上，省得你一個個登入再上載影片。

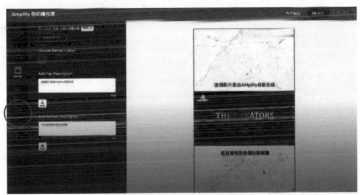

一鍵就能發布到社交媒體

(九) 一站式數據分析

Amplify還備有數據分析的功能。當你把內容發布到各個社交媒體後，最重要的自然是觀察流量的增長率，才能對內容作出相應的改變。在這裡，Amplify能讓你一次性查看你的內容在所有社交媒體上的表現，掌握數據的走向，快捷又方便！

(十) 自動剪輯

錄製影片一點也不簡單。由於天生的好口才可遇不可求，因此很多人在對著鏡頭說話時，難免會出現話語不連接，句子中有「嗯嗯啊啊」的情況，聽起來的感覺總不完美。自動剪輯功能針對這樣的瑕疵，會自動剪除並修補，使影片聽起來一氣呵成。目前，這項功能仍在開發中，估計在2022年的5月就能正式推行讓客戶使用。

當然，Amplify的功能不僅止於此。如果你是剛剛轉型成為內容創建者，歡迎你使用免費版的Amplify，而資深的創建者則可以選擇使用付費版的Amplify，當中有更多的功能正等待你去一探究竟呢！

Amplify能把你推向高峰

Amplify這款雲端軟件的功能很多，操作也十分方便。作為Amplify的開發團隊，如果你問我Amplify最大的功能是什麼，我會毫不猶豫地告訴你：

Amplify最大的功能有兩點：一，抓住時間；二，讓人們看到你。

我曾在第一章提過：「量變會變成質變，質變會帶來量變。」

第一個「量」,是數量的「量」——我們必須先做出大量的內容和影片,然後廣泛地發布出去,擴大我們觸及人群的層面,才有辦法從中引流、變現。而要做出大量的內容,無疑就要和時間賽跑。

每個人一天都有24小時,如果要在這有限的時間裡,最大量化地創建出內容和影片,Amplify無疑就是你最好的工具。它就像孫悟空拔一根毫毛能吹出一萬隻小猴子,然後在很短的時間裡,就能完成很多的工作。

抓住了時間,就像是拿到了入場券,登上了網絡世界的商業擂臺,首先站上了各種可能性的起點上。

我有個好朋友兼創業夥伴,本身已經在社交媒體上有一定的知名度,也收穫了為數不少的粉絲。他使用Amplify來連接了面子書、YouTube和Instagram等社交媒體,並一鍵發布新的影片。在28天內,他在YouTube收穫了50萬名粉絲,在Instagram則收穫了8萬名粉絲,而這一切只消一個按鍵就能達成了。這正是「量變會變成質變,質變會帶來量變」的最佳例子!

而在網絡世界裡,優秀的人比比皆是,好的影片和內容當然也有很多。這時,你最渴望的,就是人們看到你。Amplify的每種功能都能提升影片的曝光率,讓你在短時間內佔據網絡最多空間,提升你在網絡上的存在感,人們就肯定能看見你。這就像你使用擴音器說話,「喂」的一聲,方圓十里的人們都能聽見你的聲音。

在一切的品牌建立和行銷策略之前，人們到底為什麼會看到你、聽到你？原因很簡單：

因為你說得最多，所以看到了你！因為你說得最大聲，所以聽到了你！

已經走在創業路上的你，不妨讓Amplify來助你一臂之力，使你達到創業之路的高峰吧！

第五章

萬事俱備, 只欠東風:
諸葛亮如何借流量?

走到這裡，我們的創業之路已經走過一半了。

這一路走來，我們意識到了自己的閃光點，用自己的特質建立了個人品牌，各自展開了網絡課程的創業之路。如今，終於來到最讓人關心的一環節了：

我的網絡課程有人瀏覽嗎？我的頻道有人訂閱嗎？我要如何引流變現？

這一次，我們來專程聊聊流量吧！

🔍 什麼是流量？

如今，我們的生活早已離不開網絡。近年來，社會上的新進職業都是和網絡掛鉤的，例如XX自媒體、XX博客、XX平台主播等，它們的內容固然大不相同，但其盈利模式卻如出一轍：以流量來賺錢。

流量，簡單來說就是某個網站的訪問數量，或是某條影片、視頻、發文等的觀看次數。流量一直是商業活動中一個十分關鍵的指標，它不但能反映一盤生意的好壞，也能折射出社會上當時的經濟走勢，還能分析出客戶群的喜好、消費能力、消費意願等。

兩年前，我們遇上了難纏的新冠病毒。為了對抗疫情，許多國家都實施了程度不一的封城措施，嚴重打擊了各種商業活動。兩年

後，世界漸漸走出疫情的陰霾，商業活動逐漸復甦，各大媒體都喜歡以「人流」來證實世界逐漸恢復了原有的秩序——「商場人流回流 經濟前景樂觀」、「人流增多 商家喜見市場回暖」……由此可見，流量就是推動商業活動的巨輪，更是開啟盈利模式的鑰匙。

一言以蔽之：哪裡有流量，哪裡就有商機。

一般上，流量可分為自然流量和付費流量。自然流量指的是人們主動通過搜索引擎來到你的網站，這些流量是你無需另外付費就直接可以取得的。而付費流量指的是花錢買回來的流量，即是通過在各大社交媒體、討論區、論壇、博客等平台投放廣告而獲得的流量。

想當然爾，自然流量肯定比付費流量更有價值。這並不表示我們應該捨棄付費流量，但自然流量對網站長期的增長和盈利收益至關重要。在這裡，我們先專注聊聊自然流量。

🔍 流量背後的商業模式

網路上的流量，當然也不例外地能為我們製造商機。套用一句股神巴菲特說的話：「每一隻股票背後，都是一家公司。」當時，他在分享投資的心得，用了這一句言簡意賅的話告訴大家，好的公司能讓股票升值，認為人們應該用合理的價格買下一家有潛質的公司，不要因價格便宜而當買下一家不怎麼樣的公司。

同樣的道理，也適用於網絡的流量上。流量不只是一個數字，在流量的背後，是一個個的人，是一個個的消費者，他們是貢獻盈利的群體，是商家企業可貴的資產。因此，你的網絡課程獲得越多的流量，你能從流量裡賺取的利潤就會越多。

具體來說，流量背後大致上可分為三種商業模式：

(一) 銷售產品

既然流量即是消費者，那麼要達成商業交易，簡單來說就是要這些消費者掏錢買單。想一想，我們要怎樣才能讓消費者掏錢呢？最直接的方法，就是銷售產品。不管是保健品、衣服飾品、日常用品還是食品，只要借助社交媒體作為平台，你就能推廣你的產品，運用各種技巧引來流量（還記得世界上的三大主題嗎？還記得買單魔法嗎？），於是就能把社交媒體的用戶變成你的客戶， 接下來自然就展開了賺錢模式。

(二) 提供服務

如今，「服務」已成為網絡上其中一種銷售模式。「服務」賣的不是具體的產品，雖然你無法把「服務」握在手中，但通過購買「服務」，你能解決生活中某些難題，化解你的痛點。例如，各種科目的網上補習班、網上才藝班，或是各種網絡投資課程等，其商業模式都屬於「提供服務」。同樣的，你先要引來流量（別懷疑，依然

是三大主題的連接,以及買單魔法),接著再以你的服務去解決人
們的痛點,於是盈利模式就此產生。

(三) 產品+服務

這一類的商業模式結合了以上兩項的模式。這樣的商業模式
經常從人們的痛點下手,解決了他們的問題,與客戶之間建立起
信任後,再推廣自家的產品,以期能長期改善客戶面對的問題。任
何一棟商業模式都需要一定的時間來開啟盈利模式,而「產品+服
務」的商業模式也不例外,在獲取客戶的信任時更是不宜操之過
急。不過,「產品+服務」的商業模式卻是後勁十足的———一旦成
功獲得客戶的信任,就能建立起長期的穩定關係,簡單來說,就是
開創「回頭客」。目前,網絡上已有不少這樣的商業模式,例如開
辦線上健身課程的教練,在上載一系列的健身影片後,同時也銷售
自己研發的健康餐方便包,以供學員們購買。由於這類商業模式的
銷售是建立在信任之上,因此不需要強行推銷,也能輕易獲得銷售
額。

我心愛的她向來有胃痛的毛病,每當發作時總是把她折騰得
死去活來,讓我只能在她身邊乾著急,恨不得自己能代替她承受這
樣的痛苦。一天,我在面子書發現了一家DNA檢測中心。這家檢測
中心主打通過基因檢測來更了解自己的身體,從中掌握家族病史、
家族遺傳基因、家族遺傳病風險等,以改善自己和家人的健康。基
因既神秘又科學,想必這樣的檢測中心應該吸引了不少人吧!我瞄
了一眼粉絲人數,還真的蠻多的。

突然，一行字眼躍入眼簾，我眼睛馬上為之一亮。

「基因探秘旅程，讓你及早預防難以避免的家族疾病！」

要是讓我的她去接受檢測，也許能夠知道她胃痛毛病的主因！萬一真的有什麼不好的基因，我們也能及早預防啊！

我馬上來勁了，在他們的面子書網頁點開了好幾支影片來看。我發現這家檢測基因找來了很多重量級的巨星來當代言人，如鄧紫棋、梁詠琪和吳建豪等，也有很多網紅曾經試用他們的產品，並一致給予了非常正面的好評。我繼續瀏覽，發現原來我的一名網紅朋友 euniceliciousTV 也是他們的代言人之一！這家公司的信譽在我心中正節節上升，哪怕我根本還不算他們的客戶。

看完影片後，我開始仔細閱讀他們的文宣。只見他們仔細地介紹了各種基因檢測產品的原理和效果，深入簡出的文字，專業的科學知識，在給人們全面地科普了基因的奧秘之餘，也給自己擦亮了「基因專家」的招牌。

我在留言區輕輕地留下了PM，接著為我和她都做了預約。專業的檢測人員和我們做了一次調查，並仔細地建議我們應該選擇的基因檢測配套。檢測結果出來以後，我們聽取了檢測人員給我們分析的報告，當然也買了一兩款合適的保健品，如此一來便對自己的健康和身體有更深一層的了解了。

「我最近經常失眠，每天都到清晨五點才有睡意……我真的

快被我自己搞瘋了！」我身邊的朋友對我訴苦道。他帶著兩隻熊貓眼，這已不是他第一次因為失眠而變得憔悴了。

「我其實參加了一個基因檢測，就是這家平台推出的，我覺得你可以去試試看……」我拿著手機， 點出他們的網頁給朋友看。

這家營養與健康平台就是以「產品+服務」為商業模式的例子。它向人們傳達了知識，同時提供了相關服務，最後再來輕描淡寫地推銷產品。在這個過程中，它能滿足不同客群的不同痛點，又隨時能將這些客群轉化成固定的客戶，而固定的客戶再輾轉推薦給自己的家人、朋友……

鏗鏘！盈利模式正式開啟啦！

聰明的你，看懂了流量和其背後的商業模式嗎？ 流量不是數字，流量就是你、我、他！

而最成功的商業模式，就是先給你服務，再給你產品，反之亦然！

🔍 諸葛亮借流量

既然流量攸關盈利，那當然必須越多越好。古代有諸葛亮借東風來用火攻破曹操大軍，現代的諸葛亮則要懂得借流量，才能賺得盆滿缽滿！

(一) 掌握關鍵字

對21世紀的人們來說，搜索引擎已經成了生活中不可缺少的東西。不管遇到什麼問題，我們都習慣性地去發問谷歌大神，不消一秒就能搜索到有關的資料，哪怕不完全能解決我們的問題，但總是一種初步參考。於是，搜索引擎的工作原理就變得很重要——它是根據用戶的關鍵字進行搜索的。

這意味著，我們所製作的網絡課程影片，其標題字眼十分重要。針對某種問題，人們普遍上會輸入哪些關鍵字呢？只要我們以這些關鍵字作為標題的字眼，就能提高被搜索到的機率，從而有更高的曝光率——這就是引流的其中一種方法。

根據網絡用戶在某一段時間的搜尋量來說，關鍵字可分為以下三種：

(a) 長青式關鍵字

長青式關鍵字在全年都有一定的搜尋量，但整體而言，搜尋量不高。長青式關鍵字的例子如國家的名字、地方的名字、語言（中文、英語、法語等語言）、電影或其他藝術著作的名稱（《蝙蝠俠》、《蒙娜麗莎的微笑》、《西遊記》等）、如何句式（如何在一個月內甩胖 5 公斤、如何撰寫好文案等）、名人名字等（喬布斯、扎克伯格、李光耀等）。

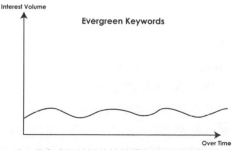

5.1 長青式關鍵詞的特點是經得起時間考驗

(b) 季節性關鍵字

　　季節性關鍵字在特定的時段會有很高的搜尋量,當時間過去了,這類關鍵字的搜尋量就會下跌。例如,在情人節前後,「情人節」、「浪漫」、「禮物」、「燭光晚餐」等關鍵字就會有高於平時的搜索量;在農曆新年前後,「大掃除」、「送禮佳品」、「生肖」、「運勢」、「團圓」、「回鄉」等, 這些關鍵字的輸入量也十分高。

5.2 季節性關鍵詞會在特定期間發酵

(c) 煙花式關鍵字

　　煙花在夜空中璀璨而明亮，十分引人注目，但往往稍縱即逝，幾分鐘後就會歸於平靜。因此，煙花式關鍵字指的就是短時間內有爆發性增長的搜索量，但搜索曲線很快就會落下。這類關鍵字通常和當下的時事有緊密的關係，當某個事件的熱度正夯，和這個事件有所關聯的字眼便會有很高的搜索量。例如，前一陣子爆出了著名歌手王力宏婚姻的醜聞事件，於是「小三」、「婚姻」、「渣男」、「出軌」、「情感操控」、「冷暴力」等字眼搜索量便馬上飆高。

　　又另一例子，目前烏克蘭和俄羅斯正在開戰，「戰爭」、「侵略」、「獨立」、「強權」、「難民」、「制裁」、「武器」就經常被大量網民搜索。

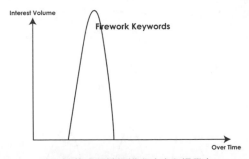

5.3 煙花式關鍵詞講求速度和爆發力

　　使用煙花式關鍵字作為影片標題，講求的是「佔盡先機」。你必須對時事有敏銳的觸角，而且行動必須十分迅速，搶在事情熱度

還在持續的時候發布有關影片,就能大大提高影片的曝光率,擴大觸及層面,引來流量高峰。

講故事的時間又到了!

冠宇是我在家鄉的朋友,我們小學時互相揪對方打架;中學時一起追女生;後來我們走上不同的方向,我往藝術方面發展,他朝著理科方面發展。雖然道路不盡相同,但我們依然密切聯繫,兄弟情誼從來沒變淡。

冠宇在一家科學雜誌出版社當科學編輯,每天都在構思雜誌的內容和主題,還得消化大量的文稿。隨著社交媒體變得普及,冠宇還分身當起了科普網站的小編,每天定時分享科普文章,內容從動物、人體、心理衛生,到天文、地理、環境等都有,稱得上是包羅萬象。

因為疫情的關係,我們已經好久沒見面了。那天,我們終於連線,想說在 Zoom 上敘敘舊、聊聊天,聯繫一下感情。我發現熒幕上的冠宇沒有我想像中的熱情,他看起來有點不專心,眼神一直飄向下方,像極了以前我們在上課時在抽屜偷看漫畫的樣子。

「喂劉冠宇!」我很不滿意,「我們這麼久不見,你就不能好好和我說話嗎?你到底在忙什麼?」

「哎呀抱歉,」冠宇露出不好意思的笑容,「我剛剛看到 Omega 和Swatch 聯名的 Speedmaster Moonwatch 超霸登月表系列推出市場了,全球的旗艦店都擠滿了排隊購買的人潮,想說這可以作為科學網站的素材……」

129

「你在科學網站賣手錶嗎?這和科學網站有什麼關係?」我覺得這傢伙連在找藉口上都不願多花心思。

「當然不是在科學網站賣手錶了!」冠宇大笑,「這款手錶用生物陶瓷製成,我想趁著這個購買熱潮,趕快上一篇介紹生物陶瓷的科普文,蹭一蹭名錶的熱度,搞不好人們這邊買了手錶,那邊就來訂購我們的科學雜誌了!」

雖然冠宇沒有走上創業的道路,但他在引流方面的觸覺倒是十分敏銳。平時,他經常使用長青式關鍵字來設定為科普文的標題(「如何維持心理健康?」、「村上春樹和他的跑步機制」[1]等);在特定的節日,他則會盡量使用季節性關鍵字來下標題(「冬天來了,身上靜電怎麼多了?」、「端午節吃粽子,憶屈原會消化不良?」等)。而最難得的是,冠宇還能時刻跟進時事,無論是國家大事、政治經濟、娛樂八卦等新聞,他都能適時而準確地「蹭熱度」, 使用煙花式關鍵字(「巴掌除了可以發洩情緒和教訓別人,還有什麼作用?」[2]),在引流上做得非常出色。

什麼?你想知道後來我有沒有生氣冠宇嗎?

當然沒有!眼看冠宇在引流方面做得如此出色,我還想把他從科學雜誌挖角過來加入我的團隊呢!

(二) 策略性軟促銷

商業活動免不了各種推銷和促銷。然而,弔詭的是,推銷和促

---

[1] 村上春樹為著名日本小說家,作品有《挪威的森林》等。村上春樹以熱愛跑步聞名,曾經參加過超級馬拉松,因此其名字被用作長青式關鍵字來下標題,以科普跑步對人體機制帶來的變化。
[2] 在2022年奧斯卡頒獎典禮上,由於主持人克里斯‧洛克在台上公然嘲笑影帝獲獎者威爾‧史密斯的妻子脫髮的事,因此惹得後者走上舞台去給前者摑了一巴掌。此標題中的關鍵字「巴掌」正出自於這件事。

銷萬一沒做得恰到好處，就會落得惹人厭惡的地步。身為80後的我，還記得在沒有網絡服務的童年時光裡，經常有推銷員提著一大袋英文圖書、益智積木、電腦辭典等商品，挨家挨戶地按門鈴，辛辛苦苦地上門推銷。我記得當時父母總叫我們把門窗關緊，佯裝沒人在家，好讓推銷員知難而退。

現在回想起來，總覺得那個年代的推銷員吃力不討好，明明就只是上門推銷好的產品，卻被當成了過街老鼠。這當中的原因就在於推銷的方式不恰當——上門推銷的形式總容易讓人們有種被「入侵」、被「逼壓」、被「打擾」的感覺，因此經常無法達成交易。

所幸，當時光來到了21世紀，網絡科技讓推銷和促銷的工作變得比較柔軟了。如今，商家們可以錄製影片、撰寫文案，或是以用戶回饋來推廣自家的產品，這些方式更容易被人們接受——這種方式，我稱之為「軟推銷」和「軟促銷」。

策略性軟促銷，顧名思義，就是既要用柔軟的手段，背後又暗藏策略和套路的促銷方式。前面我有提過，想要成為成功的商家，對人性的掌握是不可少的。想一想，人們是在什麼情況下對某一個產品感到心動？這和戀愛一樣， 當你發現一個女生專注在餵食流浪狗時，眼神中流露出憐愛和溫柔，那一剎那你可能就愛上她了。其實你對她一無所知，但當下的她就足以引起你對她興趣，然後開始鍥而不捨地追求她。

同樣的道理，我們一樣可以用在產品上。如果你成功讓人們

了解到某個產品的某個好處，又或是某項課程裡的某個細節讓他們覺得還不錯，那麼你就要緊抓這個點，讓這個點促成你的百萬銷量。

舉個例子，如果你打算製作吉他教學的網絡課程，並打算在YouTube 和小紅書上上載你的教學影片，把課程內容拆開，並且不要按照一定的順序來發布。以吉他教學為例，你可率先上載一段自彈自唱的影片，唱的是時下最流行的歌曲。接著又上載一段難度為中上的教學影片，再上載一條影片教導大家如何選購吉他，最後才上載第一課學習基本功的內容。

千萬不要認為這樣的做法是毫無章法的，實際上這是一種策略。當人們被第一段自彈自唱的影片吸引了，自然就會點開其他的影片來看，而第二個影片卻是大家無法看懂的教學影片（因為難度為中上，毫無底子的人們自然看不懂）。接下來，人們才看到第一課的基本功內容，於是大家專注盯著，學了幾個基本和弦後……

咦？怎麼沒有影片了呢？我正在興頭上呢！

你說，這是時候大家會有什麼反應呢？他們馬上就會在留言區發問：

「請問還可以看其他的影片嗎？」

「請問這個和弦是怎麼按的？」

「請問有沒有課程可以訂閱？」

Bingo！恭喜你，你的策略性軟促銷湊效了！

這時，你只需要輕描淡寫把課程詳情告訴人們，就能輕輕鬆鬆把流量引導你要的地方去了。說穿了，這和一般的超市促銷一樣，在人流湧動的假日，於超市裡架起一個小攤子，展示出飲料的牌子，然後把飲料倒在小杯子裡，供人們試喝。如果口味不合適，就微笑地說：「再見！祝你有個愉快的周末！」；如果大人和小孩看起來都很滿意，就馬上說；「我們現在有做促銷，買兩支大瓶裝，會送一支小瓶裝哦！」如此一來，很快就會做成一單買賣了。

有沒有發現，商業沒有艱深的大道理？只要你善於觀察，懂得共情和分析，就能一擊即中了！

(三) 多分享, 創流量

流量就像雪球，越滾越多，越滾越大。既然如此，想要引流，最簡單的方法就是讓更多的人分享出去。

無論哪方面的創業，都有一條必須具備的條件：臉皮不能太薄。臉皮太薄，羞於向人們推廣產品，肯定行不通；臉皮太薄，不敢對別人說你在創業，到最後沒人知道你在創業，肯定行不通；臉皮太薄，不好意思讓人家多多分享你的網站，肯定行不通。

該怎麼讓人家多多分享你的影片和網站？很簡單，就直接開口請大家轉發就好了！

當然，為了鼓勵人們多多分享你的網站，以開創更多流量，你可以建立一套鼓勵的機制，在人麼分享了過後給予一些小小的甜頭。這樣的方法一樣到處可見，特別是新開張的餐廳，這種方法可謂百試百靈。有些新餐廳為了要引流，經常會要求顧客在社交媒體上打卡，要不然就要求顧客按贊，在打卡或按贊後便會免費送上一杯飲料，或是一份甜點。千萬別小看這一小小的「鼓勵機制」，打卡和按贊，對顧客來說都只是舉手之勞，舉手之勞可換來一杯飲料或一份甜點，何樂不為呢？

Chris 受邀於澳洲新聞媒體，Ticker News 上接受專訪。

　　成千上萬的流量，就在這麼一個小小的機制下開創出來了。

　　當然，這小小的「甜頭」，不一定是個具體的禮物，它可以是數位化的產品。舉個例子，我在創業輔導課上，經常會鼓勵學

員轉發部分課程的鏈接，並在他們轉發後給予他們創業所需的「清單」（checklist）：如快速建立粉絲的清單、起步創業的準備清單、建立個人品牌的清單等。這些清單作為一種「小禮物」，無疑是不花力氣和錢財的，只要把它們製作成小影片，甚至是演示文稿（PowerPoint），就能達到鼓勵機制的目的。

想一想，你在走下Grab或Uber的車子之前，司機不也經常請你給五星好評嗎？又或是你在收到網購包裹後，商家也經常會說：「親，貨物已送到！給個好評吧！」這些都是引流的工作，簡單直接，而且還相當湊效！

古代諸葛亮須通曉天文地理，才能借東風；現代諸葛亮只須略施小計，就能借流量了！廣東話有一句俗語：「橋段不怕舊，最緊要受用！」只要掌握好關鍵字、做好軟促銷，再請大家分享轉發，你一定也能成為商場上的諸葛亮！

🔍 一人創業，別忘了穩定的收入

創業這條路，當然並不是那麼容易的。

我的創業之路，一路走來，也曾經風雨飄搖，也確實有血有淚。還記得我在創業之初，家人們都對我抱著半信半疑的態度，我也每天在擔心自己是否好高騖遠，自視過高，日子確實過得戰戰兢兢的。當一路挺過來後，看到如今興致勃勃要創業的年輕人們，總覺得看到了當年的自己。

Bob是個家境不錯的年輕人，沒有太大的經濟負擔。他從來沒想過要替別人打工，畢業以後一心想著要創業，但至今仍沒有一番成就。他來到我的商業輔導課堂，我總覺得他個性略嫌急躁，也沒有豐富的商場經驗。

「Chris，我的家人都是創業出身的，從來沒有人當過上班族。我畢業到現在還沒有一番成就，我覺得自己在家中根本抬不起頭。」Bob 很苦惱。

「其實，很多老闆創業前都曾經打過工，你為什麼那麼抗拒打工呢？」也許是因為自己也曾打過工的關係，我覺得 Bob 的話在某個不起眼的地方刺痛了我。

「我爸爸常說，工字不出頭。打工仔是不會有出頭天的。」Bob 嘆氣。

「我覺得，你對打工有一種錯誤的偏見。」我直言，「世界就像一部機器，裡面有各種大大小小的齒輪，一個挨一個地在運轉，少了誰都會出錯。老闆固然是出於較高的社會地位，但若老闆沒有了員工，無疑就像老虎少了牙齒，無法發威啊！最重要的是，很多老闆並不是生來就懂得當老闆的。他們當中很多當過員工，清楚了商業運作的模式，明白了公司經營的方法，了解了辦公室人事就像水一樣，能夠載舟，也能夠覆舟。累積了經驗後，再慢慢開竅，最後的最後通過很多考驗，才成功創業的。」

Bob 聽了我的話，無從反駁，只得一聲嘆息。

其實,並不是所有人都像Bob一樣幸運。有很多人目前拿著工作量和收入不成正比的薪資,心裡也想創業,為心愛的家人賺取安適的未來,但由於面對這現實中的經濟壓力,因此無法瀟灑地辭去目前的工作,一頭栽入創業之路。

曾幾何時,我也和他們一樣。我不建議全心全意地去創業,因為創業會面對不可知的困難,而這些困難隨時會影響你目前的柴米油鹽。因此,我建議一人創業的你們,先好好繼續早上九點到五點的工作,而在下午五點到九點的這段時間,你們必須比別人更努力、更拼命,才能換取不一樣的未來。在做正職之餘,一步步經營副業,等到哪天副業做得蒸蒸日上,甚至超越了正職,那才是你華麗轉型的時候。

Chris 在和《創作者元宇宙學員》的商業輔導學生給予指導和培訓。

一人創業，最重要是要確保自己還保有穩定的收入。只有穩定的收入，才能確保我們在不挨餓的情況下，繼續朝著夢想前進啊！

當然——創業，總是讓人神往，卻又會讓人卻步。你會神往，說明你心中有夢想，想為自己、家人開創更好的一片天空；想向世人證明你的能力和能耐；想為這世界帶來不一樣的改變。你會卻步，因為你擔心自己的能力有限，你擔心自己單打獨鬥無法征服世界，你擔心你會在這塊創業擂台上被絆倒，賠上所有……

然而，如今的你再也沒有後顧之憂。為什麼？

因為我們有了網絡。我們有了社交媒體。我們有了Amplify。我們有一群志同道合的夥伴。我們能共同攜手前進，成就彼此。你有了一切一切，而這一切足以讓你以一個人的力量，建立起一個國際企業。

俗語說：「有志者，事竟成。」

既然你有了志向，有了抱負，也有了所有的硬件和助力，創業這件事，怎麼可能不成功呢？

這句話，正是我告訴Bob的。現在，我把它送給打算一人創業的你們，希望有朝一日，我可以在終點看到你們揚起勝利的旗幟！

第六章

社交媒體變現的百萬美金商機

從古至今，人類世界裡都少不了商業活動。

追溯到原始社會，當時貨幣還沒出現，但是人類已經懂得利用以物易物的方式，去交換自己所要的物資。這是人類在最開始時對「商業」的概念。

後來，人們創造了各種各樣的貨幣，從一開始的珍稀的羽毛、貝殼、石頭，一直到後來的金屬貨幣、紙幣，再來到現在的電子貨幣、虛擬貨幣、數位貨幣等等，「商業」便直接與「金錢」掛鉤了。而「商機」，當然就是能賺到錢的機會了。

以前的商業模式很簡單，不外乎是我給你提供貨物，你給我相應的貨幣，這樣一來你就得到了貨物，而我則賺取了貨幣。隨後，我又拿著我的貨幣，去向其他人買其他的貨物……如此一來，層層疊層層，於是就建構了整個商業社會，推動了經濟，世界因此得以運轉。

如今，網絡幾乎已經成了世界的中心。自然而然的，網絡上也充滿商機，每個瀏覽背後都能促成一筆銷售。然而，網絡上的商業模式各有不同，變現的方式更是五花八門。

你準備好了嗎？繼上一章引來了流量後，讓我們來摸透以社交媒體來變現的方式！

🔍 10種變現方式

(一) 廣告費

當我還在中學當老師時,經常和學生們聊起他們的志願。21世紀的孩子們和80後的我們大不相同,他們的志願不是醫生、工程師或律師,而是YouTuber。

「在YouTube上發影片可以賺廣告費呢!越多人看你的影片,你就能賺越多錢!而且還不必像我爸一樣,每天上班都早出晚歸,太累了!」學生們談起Youtuber,眼睛都會發亮。

然而,到底YouTube的廣告費是如何計算的呢?賺YouTube的廣告費,是不是就如學生們所說的那麼香呢?

Bibi是個網紅。說網紅也不完全對,因為她還沒到「紅」的地步,現階段她仍在努力使自己變得更有知名度。更準確一點說,Bibi是個自媒體經營者。

網絡世界無邊無際,浩瀚無垠,想在眾多網紅當中脫穎而出,並且賺到足夠的錢來養活自己和家人,真的一點也不簡單。Bibi還記得她當初在YouTube註冊賬戶時,才知道了一件晴天霹靂的事實。

「每1,000個觀看次數,YouTube才會付我2至3美元的廣告費?這也太少了吧!」

Bibi想起自己每天絞盡腦汁地尋找題材，千辛萬苦地拍攝影片，過後還要通宵達旦地剪輯影片，這嘔心瀝血的成品，上載到YouTube後好不容易才引來了1000個觀看次數，竟然就只賺到了2至3美元？

　　自己選擇的路，跪著也要走完。Bibi開始沒日沒夜地工作，但時間和精神的耗損遠比收入來得多。Bibi的身體快撐不下去了，雙眼總是佈滿血絲，浮腫失神，幾乎都難登熒幕了。

　　「這樣下去不行……」Bibi得另尋出路了。她發現能快速吸引人們的影片，都是一些內容「辛辣」的影片：賣弄姿色的、噁心搞怪的、惡搞無上限的、黃腔滿滿的、故弄玄虛的……

　　Bibi在正式經營自媒體之前，曾經很看不起這一類的網絡內容，她覺得這些內容沒有營養，無法給社會傳遞些有意義的訊息。

　　然而，現在的Bibi沒有辦法了。她得支付在其他社交媒體投放廣告的費用，也得支付攝影團隊的薪水，家人每個月還在等待她給的家用呢……

　　Bibi開始做些博眼球的內容。她拍了很多惡搞影片，也開始穿得異常清涼，還有一次到一座廢棄的組屋去，拍些裝神弄鬼的影片……每一天，Bibi都緊盯著觀看數字，希望那個數字能一直一直不斷增長、膨脹……

　　Bibi真的撐得非常辛苦，她不知道這樣下去還可以走多遠。

「到底當初我為什麼要經營自媒體呢？」Bibi經常在夜深人靜的時候問自己，可是答案已經漸漸模糊不可見了。

這就是以流量賺取廣告費的現實。當你的影片很受歡迎，無疑能賺取更多的廣告費，但聰明的你一定知道，這樣的商業模式含金量顯然很低。你在製作一支影片上所花的精力與心血，和所賺取的利益是不成正比的。久而久之，你會開始覺得沒有動力，在得不到正面反饋的情況下變得力不從心，最後只能放棄。

因此，以廣告費來作為變現方式並不穩當的。當然，如果你的網絡課程在社交媒體上已經成功引來客觀的流量，廣告費就成了一種輔助性的收入，那就是後話了。

(二) 小費

「小費」這個名詞一點也不陌生。在西方國家，付小費是一種文化。我們到酒店入住，到餐廳吃飯，結帳時總要付小費給服務員。雖然這小費並不是強制性要付的，但在「小費文化」的盛行下，人們要是不付小費，似乎有那麼丁點兒不符合禮儀了。

近十年來，網絡上也吹起了一股「小費」風潮。不同的是，廣大網民在網絡上對文章、直播、影片等所給予的小費，和禮儀無多大關係，更多的是對內容創建者表示的鼓勵、支持、打氣、讚賞，當然還有喜歡。

Liza是商業輔導課裡的其中一名學員。她長得很漂亮，也很愛打扮，每次上課都會以不同的形象出現，今天是女總裁的強勢風格，明天走柔情似水的小家碧玉風格，後天也許就以高冷模特風格出現。但不得不說的是，每一種形象，Liza都能駕馭得很好。

和大多學員不同的是，Liza目前的收入很高。我的好奇心馬上來了，於是便問她：「Liza，以你目前的收入，生活應該不成問題，為什麼還會想利用網絡來創業呢？」

Liza神秘地笑了一下：「雖然我目前的收入很高，但很可惜，這份工作無法長久地做下去。花無百日紅——這是我每個月查看銀行賬戶的收入時，耳邊響起的一句話。所以，我必須儘早另闢途徑，以保證未來的生活無憂。」

「你目前從事什麼工作？」

Liza嫵媚一笑。「網絡女主播。」

網絡女主播是如今很火紅的一種職業。女主播只需要一台電腦、一個電容麥克風、一個高清攝像頭，就能在平台上開始「開播」了。女主播們一般都是分享自己的事，或是適時地展示自己的才能，如有些女主播會在直播中唱歌，有些會分享自己的生活，或展示自己的物品等。當用戶們想要和女主播有互動，或想和女主播聊聊天，那就必須給「小費」，或花錢買虛擬的禮物給女主播。於是，女主播便能通過用戶「付小費」來變現，賺取收入。

「網絡女主播的職業壽命很短。」Liza搖搖頭，「你想想，那

麼多又漂亮口才又好的女生加入這個行列，誰能保證自己能永遠賺取那麼多收入呢？而且，網絡女主播賺錢的方式可是一點也不簡單。首先你得要想出吸引用戶的點子，要是成功吸引用戶了，又必須要讓用戶想和你互動，才有機會賺取小費。接下來，我還得暗暗祈禱，希望用戶都是出手闊綽的金主，要不然他們再喜歡我，也無法掏出那麼多的小費……當有一天我無法再吸引用戶時，那我豈不是沒有收入了？近來，這問題已成為我的夢魘了呢！」

Liza是個很聰明的女孩。她說得一點也沒錯，在網絡上依靠小費來變現，確實有機會賺取可觀的收入，若是將合適的直播內容剪輯成影片，上載到社交媒體上，也可以賺取廣告費。然而，這樣的收入都屬於主動收入[1]，而且必須擁有大量粉絲才能達到，說起來一點也不穩定。

你現在知道Liza為什麼要轉型了嗎？

因為她追求的是穩定而長遠的變現方式啊！

(三) 會員服務

小時候，我經常和奶奶一起上菜市。當時，我對奶奶在買菜時的待遇感到十分驚訝───那是一種非常特別的待遇，一種類似VIP的感覺。

奶奶來到魚攤時，賣魚嫂馬上就會笑開了臉，一邊和奶奶話家常，一邊小聲地說：「你要熬湯熬粥對吧？給你留了最肥的蠱目

---

[1]主動收入和被動收入是相對的概念。主動收入指的是有工作才有的收入，沒工作就不會有的收入，例如上班族到公司上班、電召車司機開車載客等，這些都屬於主動收入。被動收入指的是不需花費精力，即能賺取的收入，例如股票投資、房租、書籍版稅等，都屬於被動收入。

魚!」然後就會狀似鬼祟地從攤子下的水桶裡撈出一大條蝨目魚，接著就給奶奶宰魚。接過了魚，付錢時賣魚嫂總會把價格往下減個兩元，然後奶奶嘴上說著「不行!不行!」，但依然半推半就地少給了兩元。我每次都不明白這樣的操作，回程時總要問奶奶：「奶奶，為什麼賣魚嫂給你留最肥的魚，還要給你減價?」奶奶總是得意地笑：「我啊，從賣魚嫂的爸爸經營魚攤時，就是他們的顧客了。他們要留住老顧客，當然就得給我們一些好處了!不過，我們也不好白白受別人的恩惠，下次來買魚時記得提醒我帶個蔥油餅和油條給賣魚嫂，她經常因為工作而忘了吃早餐呢!」

多年後，我明白了這種待遇是什麼名堂。說穿了，其實這就像商家給我們提供的會員服務。為了留住忠實顧客（奶奶），商家（賣魚嫂）根據顧客所需（熬湯熬粥）來提供特別服務（私藏起來的肥美蝨目魚），而這種稱為「會員服務」的模式，當然少不了要會員付一筆會員費，或按一按訂閱小鈴鐺衝流量（給賣魚嫂帶的蔥油餅和油條）。

這種互利互惠的「會員服務」模式，也屬於其中一種社交媒體變現的方式。當你的客戶成為會員，並付出了會員費，你便能從中變現，輕易增加收入來源。當然，你也能依照個人特色和喜好，製作一些特別的項目，以回饋你的會員和訂閱者。

Wendy是一名空姐，經常在不同的國家之間飛來飛去。她向來都在經營YouTube平台，介紹自己的生活、使用的產品、到過的地方等，在網絡上小有名氣。為了回饋訂閱者，Wendy想出了一個

非常特別的項目:她會從不同的國家寄明信片給訂閱者,以答謝他們的支持。這個項目非常特別,既浪漫又溫馨,因此吸引了很多愛好旅行、嚮往流浪的訂閱者。而且,這樣的項目和Wendy的身份非常契合,無形間便形成了一種個人特色。

我也曾經收過Wendy的明信片,那是一張挪威海峽的明信片,令人為之神往。不過,最近Wendy卻對此有點兒怨言。

「訂閱者越來越多了,本來我應該感到高興,但是……」Wendy搔了搔頭,「我如今花在寫明信片的時間,比休息吃飯的時間還要長!真有點力不從心了!」

「Wendy,你可能要另外想一個擴展能力比較高的項目了!」我說。

什麼是擴展能力呢?簡單來說,即是你只做一次事情,就能同時服務1000人的概念。Wendy的明信片,必須要用手寫字才能顯出那份浪漫的情懷,因此她只能一張張地寫,服務一個個訂閱者,這當中的時間成本可真不小。顯然的,這項目的擴展能力不佳。如果Wendy選擇了擴展能力佳的項目,不僅能夠節省時間,也能輕易應付節節上升的訂閱數量。如此一來,你才能優雅地繼續經營這個項目,而不會感嘆自己拿了石頭砸自己的腳。

後來,Wendy稍微改良了這個特別的項目:她在每個國家的地標前自拍,然後利用電腦軟件製作獨一無二的Insta card,再寫上幾句隨想和感悟,然後發到訂閱者的郵箱。這樣一來,她真的省下了不少時間呢!

(四) 商品

通過銷售商品變現，想必這是大家最熟悉的變現方式。當一家企業做到一定的規模時，他們肯定會推出各種各樣的周邊商品，如印有商標的衣服、帽子、環保袋等，讓粉絲選購。當人們穿戴這些商品時，無形中就起到了行銷的作用，能同時把品牌和行銷都做好。

如果你利用社交媒體來創建內容，走的是一人創業的路，也許就會開始撓頭：「開發自己的商品，並通過銷售商品來變現，真的那麼容易嗎？」

我的答案是：只要你能巧妙地把你的內容和商品連接起來，一邊銷售商品，一邊建立品牌，同時還能利用銷售商品所賺取的利益，重新投放在創建的內容上，形成一條生產線。

Ivan和Hannah是一對情侶，兩人都是白領上班族，收入穩定而可觀。他們都是喜歡過小日子的人，本以為一輩子將如此安穩地度過，這樣的想法卻在一次的孤兒院探訪後起了變化。

那天，他們偶然到孤兒院去送物資，發現裡頭的孩童或多或少都面對著情緒問題，他們有的習慣以暴力發洩情緒、有的不懂得好好溝通、有的會通過搞破壞來引起大人的注意等。這件事觸碰了Ivan和Hannah心底深處的某個角落：「如果這些孩子一直沒得到適當的引導，他們就會帶著這些情緒問題長大成人，繼而使情緒問題像雪球似的越滾越大，最終會為自己、家庭和事業都帶來沉重的打擊。」

Hannah在大學修的是心理學，於是他們蹦出了一個前所未有的念頭：我們要著手為孩子們做一些事情，引導他們到較為順遂的道路去。這不是比過小日子來得更有意義嗎？

Ivan和Hannah開始聯絡不同的兒童之家和福利部，在正職工作之餘，上門為孩子們免費提供情商輔導課，同時也關注發掘他們的潛能，希望藉此讓孩子們肯定自己的價值。漸漸的，Ivan和Hannah認為以兼職的形式去做情商輔導課，時間實在有限，不足以為孩子們帶來巨大的變化。於是，他們打算辭去穩定的正職，全心全意地投入到這塊領域。

不過，現實卻是Ivan和Hannah總不可能一直當個慈善機構，他們到底該如何賺錢呢？一般兒童之家的經費本來就很有限，有的甚至無法應付日常的開銷了，根本不可能有多餘的錢來付情商輔導課的學費。

在一次的情商輔導課中，Hannah正在為孩子們進行藝術繪畫治療。她讓孩子們畫出自己生氣時的感覺。孩子們在紙上畫出了怪獸、獅子、點燃的炸彈，還有一個男生畫出了一隻鬼。「我覺得我生氣的時候就像一隻鬼，會不斷說討厭的話，嚇得大家都不敢和我講話。」

就在電光火石之間，Ivan想到了一個好點子：我們可以把孩子們的畫收集起來，然後把畫作印在T恤衫上，就可以作為一種銷售的商品了！這商品的背後有創業的故事，有自身的品牌和價值，還以社會公益作為目標，應該能行！

於是，和很多創業者一樣，他們開始經營社交媒體，樹立品牌，並在網絡上宣傳他們的使命，當然與此同時也在打造一件又一件的T恤衫。他們把部分銷售得來的盈利，投入在情商輔導課程裡；部分的盈利則繼續投入在商品開發中；剩下的當然就是利潤了。

這就是一個「內容連接商品」的例子。我認為這樣的策略十分傑出，即能作為一種建立品牌的效應，又能實際賺取利潤，同時還能為內容開發增加成本。關懷社會的客戶自然會買單，而看中衣服品質本身的顧客也能在買衣服的同時為公益貢獻，對他們來說也屬於一舉兩得的事。

通過商品變現，其背後的理論一點也不難。如果能巧妙地與內容和主題做連接，那當然就能達到更好的效果了。

(五) 影片置入行銷

相信大家對影片置入行銷一點都不陌生吧！近年來，我們經常可以在電影中看見主角拿著的手機，突然就來了個手機的大特寫；或是主角在打球後猛灌飲料，喝完的罐子放在球場邊上，也來了個罐子的大特寫。這些都屬於影片置入行銷，即是刻意將行銷事物以巧妙的手法置入影片中，以期藉著影片的曝光率來達到廣告的效果。

網絡教學影片當然也可以這麼做。不過，這裡的影片置入行銷

不像電影裡需要做一定程度的鋪陳，只要大大方方在影片中推廣某個商品就行了。但是，請注意，這裡說的商品並不是你開發的產品，而是其他商家拜託你在影片裡幫忙推廣他家的商品。

沒錯，這有點類似我們向其他商家收取「廣告費」。這裡說的「廣告費」當然不能與YouTube所付的相提並論，也正因如此，商家要萬里挑一地選中你為他們做置入行銷，其門檻也實在不低——你的粉絲數量必須達四位數或以上，而且，你的影片主題與內容必須能夠和他們的商品連接起來。如果你的影片能滿足這些條件，那麼也許商家就會看上你，並期待你能為他們衝衝銷售數量。

我開始在網絡上製作創業課程時，也曾經歷一段眼睛不斷盯著粉絲數量的日子。後來，我的觀看次數直線上升，粉絲數量也逐漸增加了。所謂「有麝自然香」，開始有廠商找上門來，請我為他們做置入行銷。我抓緊這個機會，進一步和商家商談。我答應每個月為商家製作置入行銷的影片，並要他們每個月付我2000美元。當時，我單純地想和商家展開一種新的合作方式，至於這種合作方式到底能不能行，我也沒有十足的把握，只不過抱著姑且一試的心態，沒想到的是……

他們答應了！

由我這案例看來，我們知道置入行銷能賺取很大的利潤。你甚至有話語權，進一步商討合作的形式，有時一個影片就能為你帶來一個月的收入。不過，影片置入行銷依然有其缺點，其中最明顯

的就是其不穩定性。豐富的利潤，客觀的收入，這一切的前提是商家挑中了你。此外，商家和我們的合作關係也未必是長遠的，商家甚至可能因為銷售無法達到預期中的數字，而匆匆結束和我們的合作。

(六) 贊助

贊助和影片置入行銷一樣，都涉及第三方商家，當中的操作都是幫助推廣第三方商家的商品。不同的是，贊助並不是商家主動來找我們，而是我們得主動去找商家。當我們和商家能達成一致的協議，贊助商家就會付出金錢、服務、禮物、商品等，以此協助我們所創建的內容，同時也能推廣自家的品牌，於是便促成了一種雙方皆得益的商業模式。

Jimmy是個電競發燒友。身為Z世代[2]的他，從小便精通於各種電腦遊戲，年紀小小就開通了YouTube賬戶，經常分享打遊戲的獨門技巧，多年來也累積了一定數量的粉絲。Jimmy來到我的商業輔導班，是想更系統化地經營自己的社交媒體，以創造更高的財富。當我請他分享目前變現的方式時，我才發現這小伙子天生具備一定的商業觸覺。

「我不懂那麼多商業理論，畢竟我入世未深，」Jimmy自嘲似地說，「我最厲害的，應該就是厚臉皮了吧！哈哈！」

「如果厚臉皮讓你能變現，那你更要給大家分享了！」我話語

[2]Z世代指的是於1995-2009年間出生的一代人。他們一出生就與網絡信息時代無縫對接，受到網絡、電腦、智能手機、即時通訊工具等的深遠影響。

剛落，課堂上的學員們都笑了起來。

「我有個表姐是時尚博主。兩年前，她搬了新家，於是我便到她家去坐坐。我發現她設計了一個很氣派的衣帽間，裡頭全是各種衣服、裙子、帽子、裝飾品等等，一大堆行頭，看得我眼花繚亂。我當然明白這都是表姐的『找吃工具』，但仍不禁感嘆了一番。」

「你有什麼感嘆的呢？」我有點不明白。

「我說：『表姐，你要當時尚博主，要投人購買這些行頭的本錢也實在不少啊！』然而，表姐卻啞然失笑：『這些都不花錢啊！是我和各大品牌談回來的贊助啊！』」

啊，原來是贊助！我這才恍然大悟。

「那天我真的猶如當頭棒喝，我發現贊助也是個能變現的好方法。於是，我開始積極地和各大電腦品牌公司談贊助，讓他們知道我在社交媒體上有多少粉絲，說一說我在創建的內容，又不斷遊說他們，說我必定能幫他們把產品推廣給人們……雖然大多時候我都碰釘子，但我就臉皮很厚啊，一直不斷地發電郵，又在他們的社交媒體上發一大堆私人信息，結果你們知道嗎？我還真的拿到了其中一家電腦公司的贊助！」

Jimmy從電腦公司得到了一台免費的筆電，於是他便開始在影片中大力推廣，幫助電腦公司創下了一筆銷售額。後來，Jimmy像是開竅了一眼，也或許是他的大名逐漸在電腦界為人知曉，他談贊助的過程變得越來越順利，幾年間所免費得到的電子產品還真

的不少。

「等等，這樣你到底能獲得什麼利益呢？還不就是堆積了一大堆筆電在家嗎？」有學員看不明白當中的邏輯。

「我幫商家推廣了產品後，就轉手把筆電賣掉了啊！這些全新的筆電能賣的價錢真的非常漂亮啊！轉手就賺進了不少錢呢！」Jimmy笑說，「不過，有幾款我個人很喜歡的產品，我還是把它們留起來了啦！」

贊助無疑也是能變現的方式之一，但它和影片置入行銷一樣，同樣有著不穩定性，而且在商談贊助的過程中也未必能百發百中。當然，你創建的內容和主題也一樣得和贊助商有所連接，例如以電競為主題的Jimmy找的贊助商是電腦公司，他也可以找遊戲開發公司當贊助商，但絕對無法找健康食品公司當贊助商——原因無他，只因為這兩大主題八竿子打不著啊！

(七) 聯盟行銷

聯盟行銷（Affiliate Marketing）存在於行銷市場已久，但近年來因為自媒體工作者的興起，以及網絡科技的普及化，聯盟行銷因此變得十分火紅。簡單來說，聯盟行銷就是廠商和推廣者合作，藉由推廣者來推廣自家的商品，並利用鏈接的方式追蹤，最後依照轉換的訂單量，來給予一定比例的佣金。

情人節時，你打算和情人到巴厘島度假。你想訂一家服務周

到、情調浪漫、設備頂級、風景絕佳的酒店，可是卻沒有具體的方向。這時，你一定會上網搜尋別人的遊記，或是網紅的推介，然後從中看看有沒有合適的選擇。你點開一個旅遊玩家的部落格，發現他之前去的度假村很漂亮，打開窗口就能望見大海，還有湖畔餐廳，讓人們可以坐在泳池裡享用早餐。你馬上心動了，在遊記末端看見一個鏈接，原來是連接去度假村的訂房網站，你毫不猶豫地按下了，然後預訂了4天3夜的情侶套房……

鏗鏘！這名經營部落格的旅遊玩家賺到佣金啦！

為什麼？因為你是通過他的鏈接而預訂酒店的，就等同於這是他為酒店集團做的「銷售」了，那酒店自然必須分予佣金了！

聯盟行銷就是這麼一回事。我們的生活中有特別多類似的例子，如外賣平台經常會讓你向朋友推薦它，當你點擊「推薦」，通常會獲得一個推薦碼（Referral Code）。一旦你把這推薦碼發送給任何朋友，而他們通過這個鏈接下載了外賣平台，那麼你就會獲得現金回扣。以下的圖表正好展示了聯盟行銷的操作模式：

6.1 對推廣者而言，聯盟行銷是一種低風險、零成本的行銷手法。

以聯盟行銷作為變現的方式是相當容易實現。它幾乎不需要任何門檻，你不需要擁有大量的粉絲，也不必像Jimmy一樣厚臉皮地去談贊助，同時也不存在不穩定性因素，只要選定商品，再上網申請成為聯盟行銷的夥伴就行了。唯一的缺點，也許就是有些廠商所給予的佣金比例偏低。一旦你成為了某個廠商的聯盟行銷夥伴，就能開始在社交媒體上大力推廣該商品，並附上鏈接，四處引流，就能坐等佣金進賬嘍！

（八）知識產權

知識產權是一種無形的財產權，經常容易受到侵犯。而網絡世界無邊無際，裡頭充滿各種數位信息、文字信息、圖片信息等，更是容易被有心人士盜走。基本上，知識產權包括了寫作、設計、音樂創作等內容，為了保護知識產權，有些網絡平台供給各位內容創建者們發表他們的作品，再憑著觀看流量來給予回酬，並且設定為不得抄襲或轉發的形式。例如，有許多原創網絡小說的平台，有興趣寫作的人可以在這裡註冊賬戶，並且於此發表自己的小說作品。隨著小說在平台上連載，吸引了無數讀者，作者就得獲得酬勞，達到變現的目的。此外，有些知識問答平台如知乎、百度百科等，它們提供了知識付費的功能，讓廣大網民隨時做出原創回答，並能賺取回酬。這些都屬於知識產權變現的模式。此外，知識產權如今也能製成NFT，以確保每個作品的獨特性和稀少性，並作出各種交易。

知識產權變現模式特別適合藝術家、設計師、作曲家和作家

等，但它有著明顯的缺點——知識產權的內容都需要時間製作。要是創建者需要很長的時間來寫好一部小說，或一支音樂，那麼就只能在長時間後才能真正變現。如果創建者需要花上好幾個月的時間，才能真正達到變現，這種變現模式的效率就顯得不高了。

（九）名單交換

名單交換，即是我們常聽到的crossover。在演唱會上，台灣天團五月天邀請了梁靜茹當演唱會嘉賓，梁靜茹唱了一首五月天的《純真》，五月天則演唱了梁靜茹的《聽不到》，這樣「重組」或「交換」彼此歌曲的演出，就是名單交換了。

在商業領域上，名單交換的模式也廣為人知。去年，知名運動品牌Adidas和玩具積木品牌Lego就聯名推出了新款球鞋，在Superstar球鞋系列中融合了兩大品牌的經典元素，同時還推出了比造球鞋尺寸打造的Lego積木球鞋，馬上便掀起了兩大品牌粉絲的搶購潮。

Adidas和Lego聯名推出的「Lego球鞋」（圖片擷取自網絡）

今年，Omega和Swatch也聯名推出了一款超霸登月表系列，結合了Omega超霸登月表系列經典的錶盤，以及Swatch獨家創新的生物陶瓷為材質，實現了兩種規格、客群完全不同的品牌之間的名單交換。這款Omega X Swatch的手錶價格親民，還未開賣就吸引了兩大品牌的粉絲漏液排隊，創下了驚人的銷量。

Omega X Swatch超霸登月表系列 （圖片擷取自網絡）

看到名單交換的魔力了嗎？沒錯，名單交換也意味著兩大品牌互相交換顧客群，隨之而來的即是暴增的流量。當粉絲數量增長的速度越快，收入自然也會節節上升。

在網絡世界裡，名單交換的模式不但能引起話題，也能促進兩大品牌的交流和化學作用。當然，還是那句老話，當你要找名單交換的對象時，必須要盡可能尋找目標客群接近、或是主題內容相似的對象。例如，你在網絡上經營健身頻道，就可以考慮找瑜伽課程的導師、拳擊教練，或有氧舞蹈員來一起拍影片，熱熱鬧鬧地在影片中健身，把健身和其他運動的形式融合在一起，大玩crossover，

肯定能引來流量高峰。當你的影片中包含了不同的元素，自然能吸引更多不同圈子的粉絲，和其他的內容創建者一起實現變現，何樂不為呢？

(十) 資訊產品

來到了最後一項網絡變現模式，正是我目前經營的事業——我們稱之為「資訊產品」，其背後的精髓即是知識變現。我們從第一章就提過，每個人都有閃光點，各自有著不同的技能，或有著其他人所需要但缺乏的知識，而我們以「知識」作為內容，以「網絡」作為工具，便能打造資訊產品，創建不同的網絡課程和內容，並以此變現。

有關資訊產品變現的模式，相信大家也已經知道一二。以知識變現最大的優點，就是近乎零成本的製作，以及百分百的收入。利用社交媒體來創建內容，即不花錢，又能達到一對多的觸及率，還可以用來建立個人品牌，大量引流，實在是一舉多得。

到底是不是每一種內容，都能轉換成以知識變現的資訊產品呢？

還記得Samantha嗎？對了，就是那位塑料模具工廠的老闆。

「我是一家傳統企業的老闆。」我記得Samantha在作自我介紹時，不疾不徐地說出這一句話。

農耕？漁業？雜貨店？藥材店？我頭腦閃過好幾個行業，說不准是哪一個。

「我父親經營了一家塑料模具工廠，我是接手管理的第二代。由於時代的變遷和運營的模式，工廠一直無法突破原有的盈利模式，到了我接手的時候，生意額更是一落千丈。」

原來是塑料模具生產！

「雖然塑料模具生產算得上是一門古老的行業，但我一直以為這門生意的市場需求量還是很高的……中間出了什麼問題嗎？」我問。

「確實是出了問題，而這問題也實在不小！」Samantha笑了起來，「我們不斷在失去客源。以前在我父親掌權的年代，客戶都是通過口耳相傳，或引薦而來。那種情況就像是，李伯伯是我父親的客戶，李伯伯又向張伯伯推薦了父親的工廠，而張伯伯又為父親介紹了陳伯伯……當時，我父親的客戶群就是在這樣的情況下產生的。那個年代的人們很忠心的，很重感情，經常認定了一家企業，說什麼也不會換另一家。然而，到了我這一代，上一代的客戶也老了，接手的年輕人已經不照老一輩那套去運營，於是在客戶群上便開始出現斷層，往日的老客戶一個接一個消失，而又無法吸引新的客戶，那時的我每天都在擔心，這家工廠到底還能不能撐下去？我爸爸一生的心血，是不是真的到此為止了？」

一方面頂著生計的壓力，另一方面又擔心毀掉了爸爸的生意，Samantha確實是一點也不容易啊！

「當時，我看著爸爸老舊的電話簿，裡頭寫滿一大堆客戶的聯絡號碼。我像個電話營銷員一樣，一個一個電話接著打，希望能談回一兩單生意。然而，即使我真的得到了生意，那模式卻讓我很不舒服。」

「有生意就代表能賺錢，為什麼還會覺得不舒服？」我覺得奇怪。

「既然這單生意是我主動上門『獻身』的，那麼我和客戶的關係永遠只能是『供應商』和『客戶』。於是，客戶們無形中會變得高高在上，他們開始討價還價，開始要求買二送一，而我為了達成交易，似乎變成了仰人鼻息的弱者。我不喜歡這樣不對等的關係。」

別看Samantha長得白皙斯文，原來骨子裡是追求平等關係的新時代女性啊！

「那你嚮往的是怎樣的關係？」我問。這裡頭的關係當然指的是和客戶的關係，不是什麼兩性關係（哈哈！）。

「我希望能和客戶保持平等的，像夥伴一樣的關係。不是有一個詞兒叫『策略性夥伴』嗎？我特別喜歡這樣的關係，是一種partnership，必須要互相尊重，互利互惠，一起成長的，而不是一味討價還價的。」

B2B 销售理念

客户体验基本7个点

| 联系 | 网站 | 视频 | 照片 | 地点 | 自媒体 | 价值 |

客户超体验

网路分享行内知识 ➡ 360°企业参观 ➡ 客户网上已经做好买的决定

我明白Samantha的意思。供應商和客戶，或是商家和客戶，屬於較為傳統的商業關係。隨著時代的改變，互聯網的普及，商業模式自然也有了翻天覆地的變化——人們不再聚焦於相對或對應的模式，取而代之的是合作、夥伴、聯盟等模式，希望以雙倍的力量，取得更大的盈利。

「後來，我參加了一對一的商業輔導課，了解了品牌的建立、行銷等概念對B2C[3]的重要性。B2C屬於一般電子商務的經營模式，但我覺得一樣可以用於B2B[4]，於是就靈巧地把這套方法搬來經營自家的公司。」

「這和我在創業輔導課的內容有雷同呢！」我笑道。

「嘿嘿，我可不是在抄襲你喲！」Samantha也爽朗地笑了，「其實品牌和行銷的概念適合用於每一種行業，就連塑料模具這

---

[3]Business to customer一詞的縮寫，指的是「企業對消費者」的商業模式，也是一般說的零售模式。
[4]Business to business一詞的縮寫，指的是「企業對企業」的商業模式，也是一般說的批發模式。

麼傳統的行業也不例外。以我本身的經驗來說，品牌和行銷能包裝我的公司，使它變得更年輕、更專業，就像是網絡上隨處可見的熱門商品。如此一來，我再也不必辛辛苦苦地去找客戶，而是客戶自己找上門來了。」Samantha神秘一笑，「砰！我們的關係終於可以變成partnership了！」

「來，分享時間到啦！我們給Samantha熱烈的掌聲，歡迎她繼續為我們分享她公司的轉型之路！」我稍稍起哄了一下，大家就更來勁了，紛紛報以熱烈的掌聲。

「我先是經營社交媒體，增加公司的曝光率。塑料這一行，有家公司也一直不斷地在做『曝光』這一塊——這家公司經常在報紙頭條旁邊登廣告，小小一個方格，打著他們的公司大名和商標，上面展示出塑料椅子、塑料桌子等尚品。塑料桌椅本來是很不起眼的東西，但在這家公司的努力曝光之下，消費者們已經被潛移默化地「置入行銷」了，以至於我們要買塑料產品時，經常會找上該個品牌。我做的事情和這家公司做的一樣，只不過我的「戰場」不在報紙的廣告上，而是無遠弗屆的網絡世界。

我開始在社交媒體上上載各種與塑料模具有關的知識性內容，也開始拍攝影片，分享行業內的專業知識。我甚至開始做Facebook　live，以軟性的方式讓人們看到公司的作業流程、生產模具的機器、生產和製造的過程，藉此建立和人們之間的信任，讓大家開始知道『哦！原來塑料模具是這麼來的。』『哦！這家公司是長這個樣子的！』當信任感建立起來後，就可以把人們慢慢地轉變成我們的客戶，以後當他們要找塑料公司，要生產各種模具，一定會自己找上門來。」

聰明的你肯定發現了，這一套方法就是我們用來建立品牌的方法。只要靈活運用，我們可以為任何公司、任何行業、甚至任何人來建立品牌。

「當然，以自媒體的方式建立起品牌後，接下來我就專注在服務上。這幾年的疫情雖然為市場帶來很沉重的打擊，但其實另一方面也催化了線上生意模式。在這兩年裡，我開始把和顧客對接的模式轉成線上，例如通過電郵發出模具的樣本圖式，只要一經顧客首肯，便馬上投入3D打印，在24小時內即可生產出樣本給顧客。我們也在社交媒體上錄製了Q&A的影片，作為售後服務的環節。最近，甚至有遠在德國的客戶自動找上門來，我們以virtual tour的方式帶客戶參觀工廠，然後他在少於24小時內就和我們下單定制模具了！當時，我心中受到的鼓舞真的非筆墨能形容！」Samantha眉飛色舞，接著又突然神秘兮兮，「你們知道當時的我說了一句什麼話嗎？」

「I'm the queen of the world？」我歪著頭說。

「才不是！」Samantha翻了一個白眼，「我說，我希望元宇宙趕快普及起來！我迫不及待想利用元宇宙來升級我們公司的virtual tour！」

看到了嗎？網絡世界的科技是一項最有威力的工具。不管你從事的是不是傳統行業，還是夕陽行業，網絡都能助你一臂之力，把你的行業打造成資訊產品，由此在背後推動變現的無限可能。

世界正在轉變，如果我們依然故步自封，拒絕網絡科技，那將會被世界淘汰。反之，我們應該向Samantha學習，思考如何利用網絡來擴展業務，並和客戶對接，巧妙地把一般的B2B生意模式轉換成partnership，你就能破繭重生！

Samantha Chee Page
掃描二維碼，即時獲得B2B免費課程詳情。

Q **百萬美金價值階梯**

網路上的變現方法，相信大家已經熟讀了。到底哪一種變現方式最好呢？相信大家心裡也已經有個譜了。接下來，我將把變現的過程具體化，告訴大家該如何循著階梯，一步一步穩當地往「百萬美金」的方向走去——這個過程，我們稱之為「百萬美金價值階梯」。

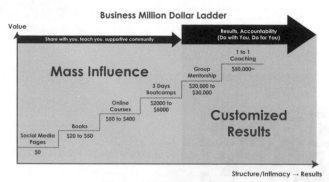

6.2百萬階梯當中隱藏著「產品鏈」，
通過不同產品的結構和模式賺取百萬收入。

百萬美金價值階梯

　　如圖6.2表所示，縱軸為所賺取的價值，橫軸為產品結構——由「網絡分享」至「為你而做」，呈現出一個往上攀爬的階梯。開始創業時，我們總是從社交媒體出發，借助社交媒體來分享內容、知識等，這時我們是零收入，你總無法向網民要收費，對吧？然而，這一步很關鍵，因為它動輒為你引來成千上萬的流量，讓你能夠真正變現。此外，社交媒體也是建立品牌最好的管道，同時也是行銷的工具，讓你在短時間內能增加曝光率。因此，哪怕一分錢都沒有，我們仍然要經營社交媒體。

　　第二步，我們可以把在網絡上分享的內容，製作成一本書。這時，你就開　始了變現的第一步，賺取第一筆錢財了。如果你的書定價為20美金，只要賣給50,000個人，你就能賺取百萬美金了也許

你會說：「Chris！不要開玩笑了好嗎？一本書頁的動輒就能賣給250,000個人嗎？難道每個人一開始都是亞馬遜暢銷作者嗎？」是的，單靠書籍要達到百萬美金，除非你秒變羅伯特・清崎，賣的是《窮爸爸，富爸爸》，要不然實在難若登天。

因此，你必須來到第三步。如果你把自己的內容寫成了一本書後，再去開發網絡課程，可能前來訂閱你的人就會變多了。為什麼？因為書籍也屬於打造品牌的方式之一啊！（還記得S.T.A.R.S巨星行銷法嗎？裡頭的A正是Author，作者的意思）如果你的網絡課程定價為50至400美金，你只要賣給2,000至20,000萬個人，就可能賺取百萬美金了。咦？目標變得比較容易達到了，對嗎？但我們並不會就此止步！

第四步，你也許會把網絡課程發開成實體課程。長期的實體課需要固定的場地，還要付出高昂的租金，為了節省這部分的開銷，這裡的實體課也許是個短期工作坊的形式，可能是一連3天的工作坊，旨在讓想參與實體接觸的人們能有多一個選擇。實體課程的定價自然會比網絡課程略高，假設定價為2,000至5,000美金，你只需成功做出50至200單交易，就能賺取百萬美金了。是的，達到百萬美金的門檻再次變低了！

第一至第四步，我們都把社會、大眾、群體當成是服務對象和銷售對象。這足以打造你個人的品牌，你能藉著這四個階梯成為一個小有名氣的人。接下來，我們得要升級了！我們把服務對象和銷售對象升級為「專門服務」。我們開始把自己的內容調整成小

組輔導課程，或是一對一輔導課程。理所當然的，這兩種課程的價格可以再次調高，分別定價為20,000至30,000美金和50,000美金，只要有5至10個人下單，你就能賺取百萬美金了！

話說回來，如果你把內容打造成各種不同的形式的產品，並且不斷營運銷售，距離百萬美金的目標，是不是又更近了一些呢？

從百萬美金價值階梯的理論當中，你看到了什麼？

在這價值階梯當中，隱藏著一條「一系列產品」。如果仔細觀察，你就會發現從社交媒體上到一對一輔導課程，其核心內容都是一樣的，唯一不同的是產品的結構和模式。

以蘋果公司為例，客戶能夠選擇的產品有手機、平板電腦、手提電腦、桌面電腦。這幾款產品看似不同，實際上它們的核心內容，如介面設計、運作程式、處理器的種類等，基本上都大同小異，而且彼此之間都有相容性。這樣的「產品鏈」最大的好處，就是為客戶提供多元的選擇。一個社會有其一定的階層結構，雖然如今的文明社會不像過去的封建社會，社會結構的流動性比較大，但每個階層的客戶所能做出的消費卻大不相同。中產階級的A先生有能力購買手提電腦給孩子用來上網課，但無產階級的B先生可能只能購買平板電腦。A先生和B先生同樣都被蘋果品牌深深吸引，因此他們會根據自己的財力去購買蘋果產品。前提是，蘋果公司確實提供了各種不同價位的產品，以供客戶們選擇。

大型網路節目，The Creators 當中的 6 位裁判。
(左起) OIO 集團首席執行長，Rudy Lim; Anywhere Piano 創辦人，Wendy Tan;
國際投資講師，Chloe Lin; 一人創業策略師，Chris Chen;
自媒體女神，Angel Hsu; 亞洲巴菲特，Sean Seah

　　簡單來說，如果你想要服務各階層不同的客戶，那麼你必須為大家提供多元的產品。這道理十分簡單，市面上有很多大企業都有著大同小異的「產品鏈」，如著名的瑞典家具企業Ikea，法國的一站式運動用品企業Decathlon，它們經常提供價位不同而功能類似的商品，以供廣大的客戶自由選擇。

　　既然開發「產品鏈」能讓我們輕易達到百萬美金的目標，那我們要怎麼下手去設計呢？如果你捧著我的書讀到了這裡，我想也許你能代替我回答這個問題。

　　沒錯！你必須動動腦筋，從內容的主題下手，進行聯想，客戶的痛點是什麼？需要解決什麼問題？什麼樣的服務和產品能幫助客戶？這樣的共情能力，就是讓你開發「產品鏈」的首要條件！

我在創業初期，幾乎每天都會在社交媒體上發佈內容。我教導人們以自身的知識來製作成網絡課程，開創各種可能性，教導大家建立品牌、引來流量、知識變現等。根據百萬美金價值階梯的理論，我認為我已經來到必須升級的時候了。須知道，網絡世界就像你逆水行舟一樣，總是不進則退。

　　於是，我開始尋思，人們在訂閱了我的課程後，還會有什麼痛點呢？他們需要何種「售後服務」？最終，我認為我必須開發一款軟體，讓人們能快速創建內容，迅速曝光內容，這是Amplify軟體誕生的前傳。如今，我和團隊再次開發了Nexus軟體，旨在為學有所成，並打算大展拳腳的學員們有個能銷售網絡課程的平台。雖然我完全不具備電腦IT知識，甚至連程式、編碼等基本功都一竅不通，但是我依然成功了，原因無他，只因為這些產品的核心內容都大同小異啊！

　　百萬美金價值階梯和產品鏈，是我們創建內容後不可缺少的一個階段。我們初期於社交媒體上創建的內容就好比地基和建築物的鋼筋和水泥，而百萬美金價值階梯和產品鏈就好比整個新興的社區。這個新興的社區能吸引不同的居民入住，也能吸引不同的商家駐紮，但回歸原點，當初組成這一切的元素，其實就是地基、鋼筋和水泥啊！

　　偉大的內容創建者們，希望有一天能在百萬美金價值的階梯上見到你們威風凜凜的身影！

資訊產品上架啦！——Nexus將助你一臂之力

之前提到，我和團隊站在百萬美金價值階梯的高端上，決定要開發能幫助人們創建內容的軟件。除了讓創建者們能快速創建內容、並且一鍵發布的Amplify之外，如今我們還打造了一個全新的網絡課程銷售平台———Nexus。

Nexus，是Next to Us的縮寫，同時也是「對接」、「關係」的意思。顧名思義，這意味著創建者們利用了Nexus平台，就能成為下一個我們，在網絡上、商場上發光發熱。

基本上，Nexus就和很多像Shopee、Lazada、Amazon 等的電子商業平台一樣，上面銷售各式各樣的網絡課程，內容和種類都包羅萬象，從投資、社交、親子到烹飪、健身、美容等都有。當我們的學員創建了課程後，他們就能在Nexus上註冊帳號，便能成Nexus平台上的創建者，把自己的網絡課程放在這裡銷售。

Nexus網站首頁。在Nexus銷售課程，你可以成為下一個我們！

Nexus是一款適用於創建者和客戶的軟體。身為學生,你能在
這裡找到各式各樣的課程,而且隨時能夠訂閱,四海之內的知識,
都可以在這裡學到,不但節省時間,也能最大化地拓展你的眼界。

　　而對創建者來說,Nexus的功能就更多樣化了。一登入
Nexus,你便可以點擊「創建者工具」(Creator's Kit),以選購不
同的創建者配套。當然,我們一共有4個配套以供選擇,其中之一
則是免費配套。

　　Nexus對創建者來說最大的功能,便在於它能讓用戶寫出容
易達成銷售的文案頁面。這裡有一套模板,將會按部就班地引導
用戶寫出緊抓人心的銷售文案。首先,用戶們能先寫下你的課程能
如何給客戶帶來新知識;其次,用戶再列出客戶的痛點,如下圖顯
示:

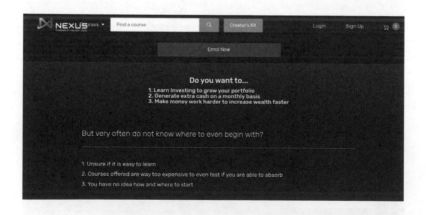

接著，用戶能撰寫共情客戶痛點與難題的文字，以類似的情感經歷建立起和客戶之間的信任感。

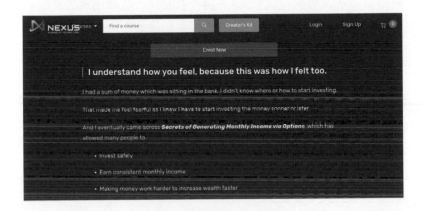

最後，再簡單明了的列出客戶將在這項課程中獲得什麼新知識，或聚焦於客戶上課之後會有哪些改變等。當然，句末不忘呼籲人們馬上訂閱課程。

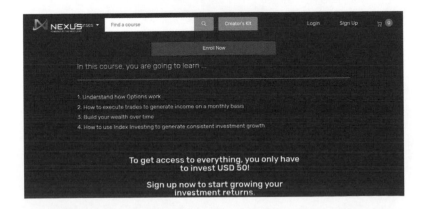

Nexus操作簡易，而且附設容易達到銷售的文案模板，這對創建者來說是一項如虎添翼的功能。而在未來的日子裡，Nexus還會繼續添加各種功能，我們的最終目標為開發一款讓創建者有機會創建旗艦網站的課程銷售平台，讓每個創建者都能在網絡的平台上，發揮自己最大的潛能，並和人們一起進步，開創一片永續不斷的學習模式，打造新時代版本的「三人行，必有我師焉。」

既然在你之前，已經有我們為你披荊斬棘，你還有什麼理由說不呢？

我們在高峰上英雄相見！

第七章

如何像鑽石一樣,
不用強行推銷, 就能高價成交

創業的知識，怎麼說也說不完，但當中的道理，又好像全都息息相關，離不開品牌、行銷，當然還有最重要的銷售。雖然創業需要熱忱，但是如果空有熱忱而沒有銷售額，這可是萬萬不可的。創業能成為某些人的愛好，但是創業卻不能只是愛好，因為創業的目的不在於陶冶性情，享受過程，而在於最終的成果——那才是創業最引人入勝的地方啊！

來到本書的最後一章，讓我們來談談這最後的一擊：

如何不費吹灰之力，就能高價成交，賺取銷售額？

🔍 銷售，就像喝摩卡一樣輕鬆

我在創業輔導課程中經常向學員灌輸一項想法：任何銷售量不好的產品，絕對和其內容的好壞沒有關係，而是其行銷做得不好。

不相信？

你一定有到過書局吧？擺放在暢銷排行榜上的書籍，你會如何選擇呢？一本書那麼厚，絕不可能細讀內容後才做決定吧？因此，大多數人會因為一本書的書名和封面設計，而決定下單。這恰恰說明了：一個產品的銷量，有九成原因在於其行銷策略。當一本書的封面能引起人們的興趣，書名或副標題讓人們好奇，想要深入探究，就能成功銷售出去。

其他產品的銷售當然也一樣。因此，在創業的過程中，我們絕不可忽略行銷的策略。從產品的宣傳、打的廣告、銷售時所配合的優惠活動，全都屬於行銷的範圍。有別於以往銷售員費盡唇舌地勸說與誘導，現在的行銷手法多元而湊效，就像我們所倡導的「摩卡銷售法」──M.O.C.H.A。

Q M.O.C.H.A 摩卡銷售法

字母	意義
M	**Motivation 動機** 無論做任何事，都有一定的動機。A學生想加入補習班，動機是他想考取好成績；B先生想要減重，動機是他想修塑身形，吸引更多異性，或讓自己更有自信；C小姐想創業，動機是她想增加收入，或改變目前的生活形式。動機，就是人們想要什麼，或是需要什麼。在做行銷時，只要把握好人們的動機，接下來的每一步行銷策略就顯得更加容易了。
O	**Obstacles 障礙** 人們有了動機後，卻遲遲沒有下單的原因，其中有部分原因在於自身的障礙。例如，A學生害怕補習班的功課太多，會佔據他原本已經不多的休息時間；B先生工作時間太長，沒辦法畫太多的時間在運動上，而且還不願意放棄最愛的美食；C小姐完全不懂商業理論和會計，總覺得創業的門檻很高。這些都屬於每個人本身的各種障礙，它們會阻撓人們買單。了解人們的障礙十分重要，這是與客戶建立信任、共情客戶的一個環節。當你能說出人們心中的憂慮和障礙，人們就會認為你和他們屬於同一國，從而產生一種「惺惺相惜」的好感。

C	**Credibility 公信力** 公信力指的是人們對行銷人員的信任。有時候，同樣的一句話，由不同的人說出來，效果可是大不相同的。這都有賴於一個人的公信力，當一個人的公信力越高，人們越相信他說的話。當我們知道了人們不買單的障礙，嘗試共情、建立信任後，接下來就必須讓人們知道，我們本身是如何克服這一切障礙的，是他們相信自己也能和我們一樣。
H	**Help 幫助** 我們可以如何幫助你——這就是H的核心內容。這裡頭就能展示你的產品的內容，或者任何特出的賣點，因為這些都是能幫助人們解決問題的方法。你會告訴A學生，我們的補習班會為你整理筆記，但不會給額外的功課；或是對B先生說，每天只要抽出15分鐘來做運動，長期下來就能看見改變；或是讓C小姐明白，創業和商業大計毫無關係，只和掌握人性有關。來到這一步，人們通常會感到心中的障礙以及被去除一大半，開始有了心動想下單的感覺。
A	**Action 行動** 既然人們已經想下單了，這時便需要加速他們的行動，讓他們真正成為我們的客戶。我們在這一環節可以配合展示出各種促銷、優惠活動等內容，如設定一個期限，在這個期限以內下單的客戶能享有哪些優惠，能得到什麼免費的產品等。這樣一來，我們就能加速人們下單的速度，迅速成交了！

　　M.O.C.H.A 銷售法適用於每一種產品的銷售。如果你是門市銷售員，當看到顧客在某一商品區域打轉，便可以輕輕地過去打個招呼，了解顧客想買某一商品的動機。接著，你可以稍微察言觀色，從中發現顧客心中藏有的疑慮和障礙，並以自己過往的經歷作為疏導。此時，你便能發現顧客漸漸多話起來，對身為銷售員的你

也不再像之前那麼戒備。於是,你抓緊這個機會,向顧客說明這款產品的好處、賣點等,並讓顧客親手摸一摸商品,或是擠一些樣品在他的手上……最後,你會告訴顧客現在正在進行的促銷,買上幾個有什麼優惠,或是第一次購買的顧客可以獲得什麼免費商品……

鏗鏘!交易達成啦!

網絡課程當然也不例外。我們經常可以在網絡上看見各種文案技巧的工作坊,主要目的是讓人們懂得寫出好文案,能快速吸引客戶並達成銷售目的。其實,M.O.C.H.A銷售法也適用於寫文案。還記得在第六章,我向大家介紹的Nexus網課銷售平台嗎?Nexus裡有一個免費的文案模板,正是依照M.O.C.H.A銷售法來打造的。為什麼這套方法總能成功達成交易呢?原因無他,只因為它是依照人們在購買東西背後的心理機制去設定的。

不管你有沒有使用Nexus網課銷售平台,你都必須掌握M.O.C.H.A銷售法。

不管你是門市銷售人員,還是行銷策略組的人員,你都必須掌握M.O.C.H.A銷售法。

不管你是一人創業,還是大集團裡的行銷推手,你都必須掌握M.O.C.H.A銷售法。

因為,只要你掌握了M.O.C.H.A銷售法,即使不強行推銷,也能輕輕鬆鬆地達成交易!

🔍 讓你所有的內容，都變成「鈔」級銷售

記憶力好的你也許還記得，上一章我們提到了「百萬美金價值階梯」。它告訴我們開發一系列產品的重要性，其中的精髓就在於以同樣的內容，做成不同形式的包裝、結構和模式，並銷售給不同的對象，從中就能賺取階梯式的收益。

這好比煮了一鍋椰漿饭，分別用香蕉葉包裹、用泡沫塑料盒裝著、用簡單的碟子盛著、用馬來風味十足的竹筐盛著，都可以賣給不一樣階層的顧客，價格當然也可以相去甚遠了。

椰漿飯版本的「百萬美金價值階梯」。
相同的椰漿飯，不一樣的包裝，不一樣的價格和客群。

一般上，你開發了一系列產品後，收入將會呈現大幅度的上升。有些人會滿足於這項成就，但有的人卻不會因此停下腳步——他們會把產品進行「擴充」，把原本的超級銷售，更進一步擴展成「鈔」級銷售。

那麼，問題來了：怎樣才能達到「鈔丨級銷售？

我的答案是：運用你的智慧，把一切可能性連接起來！

Tommy來自馬來西亞。他長得十分魁梧，二頭肌繃得緊緊的，看起來就是一位運動健將。

「我是一名游泳教練，在泳館教小朋友游泳。」Tommy在課堂上為大家自我介紹。

我沒有猜錯，Tommy果然是運動健將！

「我喜歡這份工作，但是我的收入卻難以支持我的生活。你們不要誤會，我不是那種『精緻窮』的年輕人！」Tommy急急地澄清，像擔心我們誤會他，「游泳教練的收入不高，然而現在的物價高漲，我左省右省，每個月的收入只足以支持我的開銷，根本無法有多餘的錢來當儲蓄。單單是房租，便足以花掉了我月薪的一半……」

在新加坡，房租的確是很高的花費，但你總不可能露宿街頭啊！我想我明白Tommy來上商業輔導課的原因了。

「我覺得這樣下去不是辦法，所以便開始從事副業。我成了健康飲水機的代理，到處去推銷飲水機。也許我天生嘴笨，人緣也很一般，所以銷量一直差強人意。」Tommy嘆了一口氣，「我真的很想開創新的可能性，難道我的一生就只能過著捉襟見肘的生活嗎？」

Tommy明明長得高大威猛，此時我卻覺得他縮得好小好小。

　　我一定要對他伸出援手！

　　「Tommy，我為你想到一個很好的轉型計劃！」我靈光一閃，「你的泳技這麼棒，身材那麼健美，肯定知道不少減重的知識吧！」

　　「我大學時修讀的正是體育系啊！這些算是我的老本行了！」Tommy的自信回來了。

　　「我們來幫你設計一個以減重為主題的網絡課程，你可以分享一些減重的知識，例如減重時期應該攝取的食物、減重時期能如何以最少的時間換取最大的成果、什麼運動的減重效果最好等……」

　　「這裡就能連接到我的游泳課程了，對不對？」Tommy突然眼神發亮，「我可以通過這裡，把流量引去我的游泳課程！」

　　「完全正確！看來你已經掌握引流的道理了！」我鼓舞式的拍了拍Tommy的肩膀，「但是，更精彩的我還沒說呢！」

　　Tommy和其他學員都瞪大了眼睛，等待我的「山人妙計」。

　　「你不是健康飲水機的代理嗎？在你的網絡課程內容裡，你可以多分享喝水對減重的好處，如多喝水能增加基礎代謝率，燃燒更多熱量，還能建議人們要多喝健康水，然後再從這裡引流到你所推銷的健康飲水機去！這樣一來，你不但能從網絡課程中變現，還

可以刺激飲水機的銷量！」

Tommy呆了一兩秒，然後才回過神來。「Chris，謝謝你！我沒想到網絡課程能做這樣的連接！」

也許你會質疑：這樣的連接，真的能連帶刺激飲水機的銷量嗎？我對這倒是信心滿滿。

我們來玩一玩情景題吧！

你是一個有體重困擾的上班族。上班族的人生，幾乎是日復一日地坐在辦公室裡，一天八小時上班時間，再加兩小時的通勤時間，回到家根本就無力再進行什麼運動了。然而，隨著年紀的增長，身體新陳代謝的能力也逐漸下降，造成你身上脂肪囤積的現象越來越嚴重。一天，你在YouTube瀏覽時，發現了一個身材健美的游泳教練的減重頻道，裡頭告訴你減重該攝取的食物，還教你如何計算食物的熱量。你第一次發現，原來減重不一定得靠運動，從飲食方面下手也沒問題，於是馬上就來勁了，把游泳教練的影片通通都看了一遍……

「咦？Tommy教練也推薦這款健康飲水機嗎？」你在某個影片裡看見游泳教練向大家推薦某個品牌的健康飲水機。

「這不就是Emily一直拼命向我們推銷的飲水機嗎？我知道她是這個品牌的代理，不過就是想賺同事們的錢嘛，所以一直沒有多加理會……」你在心裡嘀咕道。

然而，看完Tommy教練的影片後，你對這健康飲水及的印象卻有了180度的轉變！

Tommy教練和Emily推銷的是同一款健康飲水機，幾乎是一模一樣的推介說辭，為什麼卻給人完全不同的觀感呢？

原因就在於Tommy的身份是「教練」，而Emily的身份是「同事」！

Tommy身為游泳教練，人們自然而然會把他的話當成一種權威的聲音。任何與健康、減重、體育等有關的話題，只要從Tommy的口中說出，自然會構成一種公信力。而Emily只不過是普通的上班族，縱使她說的內容和Tommy的一模一樣，然而卻不像Tommy般的讓人信服。Tommy的教練身份就如一個光環，讓他說的話不容置疑，使人們照單全收。

而公信力到達能如何構成呢？如何才能搖身一變，成為人人口中的名師和大師？如何才能讓自己說話鏗鏘有力，擲地有聲？

關鍵就在我們在第二章提過的巨星行銷法（S.T.A.R.S）！我們在第二章曾經提過，要成為大師，要有公信力，除了要對你的內容有一定的掌握外，最重要的是一系列恰到好處的包裝：你可以好好經營社交媒體（S for social media）， 盡量在傳統媒體如報紙、雜誌等曝光（T for traditional media）， 嘗試成為作者（A for author）， 多發布與名人的合照（R for related to other celebrities）， 以及多發布你站在講台上面對大眾的照片（S for speech)。這一系列的巨星行銷法,能在短時間使你的身價倍漲,搖身一變成為了大師,自然就能擁有公信力了。

最後的結局你大概也心底有數了吧?是的,你一定會按下Tommy教練在影片中附上的鏈接,買了健康飲水機,開始了你的減重旅程。

看到了嗎?這就是屬於每個人不同的「鈔」級銷售!當你利用了社交媒體來建立個人品牌,打造了你的「大師身份」後,再稍微動動腦筋,運用你的智慧,把你手上所有的資本(這裡指的資本不限於錢財)通通和網絡課程的主題連接起來,你就能無往不利!

你還等什麼呢?現在就開始動腦筋,連接出你的「鈔」級課程吧!

🔍 引用付費流量

在第五章裡,我們提到了「引流」的魔法。當時我們說的是自然流量,即是不付費而獲得的流量。在這一章,讓我們來談談付費流量吧!

付費流量,指的是只有付了錢,才能獲得的流量。付費流量操作簡易,一般上只分為兩大類:廣告以及網紅行銷。

（一）廣告

廣告，相信大家一點也不陌生吧！

在那個全家人在客廳圍著電視看戲的年代，廣告時間就是大家上廁所、拿零食的時間，可是不知為什麼，大家依然對每一支電視廣告的內容倒背如流。有時，我們收聽廣播時，DJ也會恰如其分地讓節目暫時中止，進入廣告環。住在城市裡的人們，繁忙的馬路旁經常豎立著大型的廣告牌。翻開報章雜誌，也經常會看見整頁全彩的廣告。後來，我們進入了網絡時代，網絡上的廣告更是五花八門了——有時夾在影片中出現、有時出現在社交媒體的時間線中、有時只要一登入某個網頁，廣告就會從四面八方彈出來，生怕你錯過了它們……

總之，無論在哪個年代，廣告都以它特有的形式，充斥在我們的四周，讓我們無法忽略。

我們當然知道廣告的用途。廣告最大的效用，在於它能以「一對多」的形式去和人們對接，在短時間裡就能達到很高的觸及率，對推廣產品有很大的效果。

對網絡課程來說，廣告也有著相同的作用。相較傳統媒體而言，以社交媒體為平台的廣告的收費顯得便宜許多。再者，如今人們的生活無法與社交媒體和網絡切割，這無形中將擴展社交媒體平台廣告的觸及層面，使我們更容易做好引流的工作。

在社交媒體上打廣告還有一項相當重要的用途:它是獲得數據的途徑。通過統計這類付費流量,我們就能大概預測,目前的內容對於受眾來說是否合適,或是需要進行改善。例如,A先生投入了5美金在社交媒體上買廣告,他發現自己網頁的流量增加了,並且帶動了他10美金的收入。於是,A先生得到了「5美金廣告費換來10 美金利潤」的正比數據,那麼他自然會花更多的錢來買廣告,以期達到更大的利潤。

反之,如果A先生投入了5美金在社交媒體上買廣告,卻只帶來了4美金的收入,這樣的數據明顯顯示出了虧損的現象,於是A先生就會開始優化內容,也許是做新的主題連接,或是撰寫新的文案,開始提高產品的質量等,一直到能夠把虧損現象扭轉成正比數據為止。

換句話說,打廣告是一塊鏡子,它讓我們能檢視內容,並從中做出優化,使我們獲得更多的利潤。

幾年前,我有幾個朋友到新加坡來旅行,我則充當了幾天的導遊。旅行當然少不了吃當地美食,於是我打算帶他們到一家著名的肉骨茶餐廳。無巧不成書,那家肉骨茶餐廳卻在當天休業。我只好帶著大家來到另一家名不經傳的肉骨茶餐廳。這家肉骨茶餐廳非常特別,他們家除了提供一般的肉骨茶湯,還有一道我從未吃過的乾肉骨茶。我們抱著嚐鮮的心態點了一道乾肉骨茶,頓時覺得驚為天人!

「老闆，這道乾肉骨茶很好吃！」結賬時，我由衷地告訴老闆。我甚至覺得這家店的味道，比著名的那家來得好。

「謝謝你們！」老闆緊緊握著我的手，「請多多推薦給你的朋友們，我們目前的生意很差，再這樣下去的話，也許撐不了幾個月……」

「怎麼會？」我十分驚訝，「你們家的肉骨茶味道很好，生意怎麼會差呢？」

原來，肉骨茶店的老闆是個廚師，做菜一流，但做生意卻不太得法。他們不曾在打廣告和宣傳的方面投入資金，因此這家餐廳無人知曉，任肉骨茶的味道再香，香味依然傳不出去。

打廣告雖然不是什麼神秘的魔法，但它的確是最方便，也最不可缺少的引流方法。因此，我認為大家在做引流工作時，適宜分配一點預算，並投入在打廣告這一塊，你將會事半功倍地得到許多付費流量。

（二）網紅行銷

網紅行銷也是打廣告的一種。不同的是，我們借助的不再是一則一則廣告去走入人們的視線裡，而是通過知名度高的網紅去為我們推廣產品。

近年來，不少餐廳都喜歡請網紅到店裡推廣各類美食，以希望能推動餐廳的營業額。其實，這種方法也十分湊效。網紅圈裡的知

名網紅可不少，他們的粉絲數量動輒幾十萬個。試想想，當這些網紅拿著店家特調的奶茶，在影片裡又是喝奶茶，又是打卡的，他們的粉絲便會一呼百應的紛紛到店鋪去，無形中就會為店家帶來了大量的流量。粉絲對待偶像，本來就有種模仿心態，網紅行銷正是把握了這種心態，並將之巧妙地轉換成一種行銷方式，達到了和「打廣告」一樣的效果。

Chris，Sean 和金氏世界紀綠的記憶大師，Nishant Kasibhatla 合照。

　　當你製作了網絡課程的內容後，首先可以先從主題方面去思考，哪個網紅適合擔任你的「代言人」？哪個網紅和你的產品內涵最合襯？接著，你就能親自接觸這些網紅們，和他們談談合作的方式，又或是商討行銷活動的費用等。當然，網紅行銷的成本一般會

比普通廣告來得高，但其吸引的流量也一樣更多、更快，因此這種付費流量的方式到底適用於否，則屬於見仁見智了。

付費流量是一項十分簡單而重要的引流方式。因此，我建議大家都能明智使用付費流量，在短時間內引來大量人流，為你創下銷售高峰。

從我們步入網絡世界開始，這條路就像一條單行道，似乎沒有回頭路。網絡拉近了世界的距離，也改變了很多事物的形式，尤其在經過新冠疫情後，人們的生活模式更是大幅度地向網絡靠攏了。綜合廉宜、快速、觸及率廣、門檻低等等的特徵，以社交媒體和網絡世界作為創業的舞台，確實是最好的起點。我曾經過著拮据的生活，花每一分錢都戰戰兢兢，也試過做很多的副業，然而我衷心地感謝當日的自己一頭栽入了網絡創業的世界，讓我的人生在短短幾年裡翻身再來。我意識到網絡是極具潛質的工具，你不需要像矽谷工程師一樣懂得那麼多電腦知識，也不需要像馬克 · 扎克伯格一樣壟斷社交媒體的世界，你只需要當個像你、像我、像他一樣的網民，然後確保你開始往前跨出那一步，你就能成功了。

就像我一樣。

想要創造更好的人生，先學會如何「愛」

小時候，老師總要我們寫作文，寫《我的志願》。如果你和我一樣是80後，你一定也曾經充滿熱情地寫過：我要當醫生，拯救人們的性命；我要當警察，維持社會的治安；我要當老師，當個人類靈魂工程師……

後來的你們，是不是都如願以償地達到了你們的志願？我很慚愧，在這裡先「自首」：我並沒有達到當年的志願。

然而，最近的我卻重新思考了這個問題：當年我們充滿熱情地寫下的志願，背後折射出的到底是什麼？我想，那是一種對未來人生的期盼，渴望對社會做出貢獻的熱情。現在，我依然對事業充滿熱忱，對生活也充滿期待，但這背後的主要原因，是「愛」。

當年，我的家受到嚴重的經濟壓力，爸爸被裁員，而我的收入微薄，幾乎自顧不暇，對眼前的局面毫無招架之力。我還記得當時的掙扎和痛苦，我辛辛苦苦地兼職副業，卻又不見起色，眼見銀行戶口的存款不斷下滑，心裡的焦慮實在非筆墨能形容。在這樣高壓的情況下，是什麼推著我在慢慢前進？

那是「愛」———我愛我的家人，我想給他們無憂的生活，我想給他們過上好日子，他們安適我就快樂，他們愉快我就滿足。

而「愛」，一直都是知易行難，說到卻難做到的事。「愛」，不只愛一個人的外表、美好、亮麗，也要愛一個人的內在、醜陋、陰暗。而且，愛還包含了責任———身為父母，你要負責孩子的起居飲食，供書教學；身為孩子，你要孝順父母，讓他們安享晚年；身為愛人，你要讓你的另一半生活無憂，內心平穩堅定，你要把你的另一半的難題，當成自己的難題來解決；你要把你的另一半的煩惱，當

成自己的煩惱來分擔；你要把你另一半的責任，當成自己的責任來承擔。

正如我多年前讀過的一首詩所寫的：

「愛，不僅愛你偉岸的身軀，也愛你堅持的位置，足下的土地。」

於是，我一直以這個作為奮鬥的目標，這足以驅使我不斷地尋找各種方式，以更好、更快、更有效率的方式去創業。我記得我對媽媽說我要創業時，她瞪大了眼睛，回應了一句：「這聽起來好不真實！」當時媽媽對我的決定感到難以置信，是因為媽媽不了解網絡世界的架構與操作，而我對自己決定之堅持，則是因為我愛他們。

現在，我的事業小有成就，終於可以讓家人過上好日子，可以帶他們到世界各地旅行，而不需要窮遊；也可以帶他們進出高級餐廳，看菜單點菜可以不用看價錢。與其同時，我也正在開啟更多的收入來源，鞏固經濟基礎，給我所珍惜的人，尤其是她，帶來更有品質的生活，想買什麼就買什麼，並一步一步實現她以前或許覺得遙不可及的夢想。我的成就讓家人們對我刮目相看，讓他們為我感到光榮，這樣的滿足感，遠比累積財富來得更有意義，也更加重要——因為這是我源源不絕的動力來源啊！

如今，我結識了一班創業路上的好夥伴，也有了自己的工作團隊。我的事業慢慢步上了軌道，我則得以更加靈活地安排時間——我開始能在一般人上班的日子回去探親，也能在沒有公假的時候和心愛的人一起去旅行。我留給家人的時間變多了，因為我不需要來回通勤，也不需要實體上班；若要工作，打開手提電腦，連接網絡設備，哪裡都是我的辦公室。

我真心地喜歡如今的生活模式，它讓我的生活增添了更多可能性。我一直都覺得錢不是最重要的，但是錢可以推動很多重要的事情，因為它讓我更容易以愛之名，去實現任何以往難以實現的夢想。

如若不愛，或許這書中的一切，將不會發生，我也不會是暢銷作者，你也不會看到這本書，我更不可能會籌備我的第三本書，甚至創辦《創作者元宇宙學院》⋯⋯

我還記得我還在中學任教的時候，有一天，我一位讀文學的學生情緒很不穩定，和我抱怨：「我那個文學老師他每一次⋯⋯(說個不停)」

我聽到一半，驟然打斷她：「停⋯⋯我只問你一句，你愛不愛文學？」

「我起先是很愛啊! 可是那個老師他每一次⋯⋯(說個不停)」

聽完了之後，我停頓了一會兒，腦袋經過反覆的思考過後，說道：「我們在追求自己愛的事物時，一定會碰到自己不愛的事情。今天你有這樣的一個反應，那我只能說，你或許真的沒有那麼愛文學，因為你已經忘了你當初選擇讀文學理由。

孩子，堅持自己愛的，很難，但是不難，怎麼叫堅持？」

那天，有一位學員問我：「Chris，到底你是如何讓你的人生重新來過的呢？」

我眨了眨眼睛，多年前的苦日子一併湧上腦海，當中有些事情漸漸模糊了，有些事卻又逐漸清晰起來。

「想要創造更好的人生，先學會如何『愛』吧!」

重新愛上你震撼人心的志向，從心開始走向你心之所向。

若是看到這裡，讓你的心中泛起一絲波瀾，歡迎你來和我說說內心的想法，我願助你釋放你深藏在內的「鈔能力」，讓你可以把未來變成你愛的模樣。

作者	:	Chris Chen 陳家鋒
責任編輯	:	田巧倩
編委團隊	:	李駿業、陳欣偉、Skye
美術編輯	:	Mumu

出版人	:	Hedki Heng 王赫奇
出版總監	:	陀于倪
出版社	:	SOMO Publishing 說墨出版社
		A subsidiary company by Mythas Legacy Sdn. Bhd.
		邁達思文化產業集團子公司
		N-1-3A, Pusat Perdagangan Kuchai, Jalan 1/127,
		Off Jalan Kuchai Lama, 58200 Kuala Lumpur, Malaysia.
電話號碼	:	+603-7972 2276
電子郵件	:	talk2somo@gmail.com
網址	:	www.somopublishing.com
初版	:	2022 年 5 月
售價	:	RM75.00 / SGD29.00
國際書號	:	978-967-0980-50-8

Perpustakaan Negara Malaysia   Cataloguing-in-Publication Data

陳家鋒
  鈔能力 II：運用自媒體創業, 世界就是你的舞臺 / 陳家鋒 著.
  ISBN 978-967-0980-50-8
  1. Entrepreneur.
  2. Success in business.
  I. Title.
  306.7

免責聲明·書中資料來源可靠，並經查究，惟不能絕對保證準確與完整。盡管作者、編者和出版社盡力確保本書中的資料是依據出版日期為準的，但作者、編者和出版社對資料失誤或遺漏資訊一概不承擔任何責任。書中內容權屬作者、編者個人意見，僅供參考和研究用途。本書作者、編者和出版社在此嚴正聲明，讀者若因本書的錯誤或遺漏而作出任何決定或延伸後果，本書作者、編者和出版社一概不負任何法律責任。作者、編者和出版社呼籲讀者在進行任何行動之前先詢問有關專業人士。本刊物的內容版權，未經出版商許可均下不得擅自重製，仿製，或以任何形式發布或公布。

版權所有，翻印必究（缺頁或破損請寄回更換）